光储充价值链能力分析
模型及云平台研究

戴琼洁　著

中国水利水电出版社
www.waterpub.com.cn
·北京·

图书在版编目（ＣＩＰ）数据

光储充价值链能力分析模型及云平台研究 ／ 戴琼洁
著. -- 北京 ：中国水利水电出版社，2022.1
ISBN 978-7-5226-0413-8

Ⅰ．①光… Ⅱ．①戴… Ⅲ．①太阳能光伏发电－研究
Ⅳ．①TM615

中国版本图书馆CIP数据核字(2022)第016202号

书　　名	光储充价值链能力分析模型及云平台研究 GUANG CHU CHONG JIAZHILIAN NENGLI FENXI MOXING JI YUNPINGTAI YANJIU
作　　者	戴琼洁　著
出版发行	中国水利水电出版社 （北京市海淀区玉渊潭南路 1 号 D 座　100038） 网址：www. waterpub. com. cn E-mail：sales@waterpub. com. cn 电话：(010) 68367658（营销中心）
经　　售	北京科水图书销售中心（零售） 电话：(010) 88383994、63202643、68545874 全国各地新华书店和相关出版物销售网点
排　　版	中国水利水电出版社微机排版中心
印　　刷	清淞永业（天津）印刷有限公司
规　　格	145mm×210mm　32 开本　5.125 印张　142 千字
版　　次	2022 年 1 月第 1 版　2022 年 1 月第 1 次印刷
印　　数	0001—1000 册
定　　价	**68.00 元**

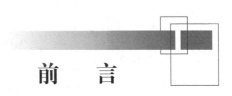

前　言

　　近年来，迫于环境和能源的双重压力，各个国家都在积极开展新能源发电技术研发和产业化发展研究，光伏发电技术得到广泛研究并在实际应用中得到大力推广。然而，光伏出力的不稳定和充电负荷的不确定，导致了光伏功率的间歇性和电网功率的随机波动。为了充分利用光伏能源，并能够给负荷提供持续稳定的功率补给，不得不引入储能系统，储能系统能够在光伏发电和负荷用电之间起到调节作用。与此同时，我国电动汽车产业正处于快速成长的关键时期。但由于电动汽车用户需求和行为的不确定性与相互差异，未来大规模电动汽车充电负荷具有时间和空间上的随机性、间歇性和波动性等不确定特点，将给电网的安全运行和优化调度带来困难。

　　随着近年来风力发电、太阳能发电等新能源发电的逐渐兴起，使得电动汽车充电站的能量来源越来越清洁、廉价。与此同时，储能技术的不断发展很好地弥补了清洁能源发电不稳定性、间歇性和波动性的短板，能够为电动汽车充电站提供很好的调节作用。此时，将太阳能发电和储能系统同时应用于新能源电动汽车充电站，可以提高光伏发电消纳能力，减少环境污染的同时为电动汽车提供廉价的能量来源，降低电动汽车用电成本；可以充分利用储能的调节作用，降低光伏发电和电动汽车大规模并网对大电网的冲击，并实现供需平衡，提高系统工作效率与供电可靠性。综上分析，本书创新性地将光伏-储能-充电站（简称"光储充"）价值链作为研究对象，针对该价值链的价值能力分析问题，开展如下研究：

（1）构建并分析光伏-储能-充电站价值链。首先，在国内外研究现状的基础上，对光伏发电产业、储能产业和电动汽车充电产业的现状进行梳理，提出光伏-储能-充电站价值链构建需求；其次，考虑到光伏、储能、充电站等多个主体的存在，构建光伏-储能-充电站价值链，并对价值链上的各个主体开展分析；最后，以光伏-储能-充电站价值链为研究对象，从价值实现、价值增值和价值共创等角度对价值链的价值能力进行概述。

（2）构建光伏-储能-充电站价值链的价值实现能力分析模型。首先，为了衡量光伏-储能-充电站价值链的价值实现能力，从可持续发展的角度出发，以经济价值、社会价值和环境价值为一级分析指标体系，构建价值实现能力分析的指标体系；其次，提出一种基于梯形直觉模糊数和累积前景理论的分析模型，分析单个光伏-储能-充电站价值链的价值实现能力，并运用多目标粒子群算法分析多个价值链组合的价值实现能力；最后，本书开展多情景分析，运用所提方法从多个情景中选出价值实现能力最强的方案组合。

（3）构建光伏-储能-充电站价值链的价值增值能力

分析模型。首先，从系统内部和系统外部两个方面着手，梳理光伏-储能-充电站价值链的价值增值能力影响因素；其次，为了明确影响因素之间的关系并从定量角度对这些影响因素开展研究，本书引入系统动力学模型，在确定系统边界之后，将系统分为资源流通子系统、节点运营子系统、用户需求子系统与技术创新子系统，其中，资源流通是价值增值的前提，节点运营和用户需求是价值增值的保证，技术创新是价值增值的动力；然后，针对模型中的变量构建数学公式并对整个模型的有效性进行检验；最后，基于系统动力学模型的研究成果，提出能够提升价值链的价值增值能力的政策建议。

（4）构建光伏-储能-充电站价值链的价值共创能力分析模型。首先，为了提高价值链的价值共创能力，本书将针对价值链上的多个主体，构建价值共创能力分析模型，在满足技术和经济约束条件的前提下，确定价值链上光伏、储能系统的容量配置，并且确定各个节点的运行功率和运行模式；其次，以度电成本最小化为分析目标，在满足等式约束和不等式约束条件的前提下，构建基于多智能体和粒子群算法的价值链容量配置和能量管理模型；最后，针对研究结果，提出能够提升价值链的价值共创能力的政策建议。

（5）构建光伏-储能-充电站价值链能力分析云平台。构建云平台能够促进价值链上各主体之间的信息交互、协同、耦合以及共享，提高价值链的价值能力。首先，为了打破各主体之间存在的信息壁垒，将数据中台的概念引入其中，构建光伏-储能-充电站价值链数据中台；其次，从价值实现、价值增值和价值共创三个角度对云平台的需求进行分析，设计云平台业务流程；最后，基于云平台的设计原则，在云计算的框架上对能力分析云平台的结构、功能、模块以及云服务模式进行设计，将之前的理论分析转化为实际工作，从而提升光伏-储能-充电站价值链的价值分析能力。

本书是在对内蒙古高等学校科学研究项目"光伏-储能价值链价值增值路径及系统仿真研究"（项目编号：NJSY21144）以及内蒙古自然科学基金项目"光伏-储能价值链价值增值协同决策模型研究"（项目编号：2021BS07002）开展研究的基础上编撰而成的。

从建立研究框架、学习研究方法，到收集资料、开展调研和专题研讨，再到本书的写作、修改和成稿定稿历时三年。今天书稿终告段落，掩卷思量，饮水思源，在此谨向给予支持和帮助的同仁们表达拳拳谢意和殷切期许。感谢华北电力大学刘吉成教授在项目研究中给予的支持和帮助，感谢内蒙古大唐国际新能源有限公司燕广鹏工程师等课题组成员在项目研究中的不懈努力和辛勤付出，感谢鄂尔多斯应用技术学院刘海英教授在图书写作和出版过程中给予的指导和帮助。

由于本书成书仓促，难免有许多疏漏，不妥之处在所难免，但我希望能起到抛砖引玉的效果，也恳请专家和学者给予批评指正。

戴琼洁

2021 年 12 月 24 日于鄂尔多斯

目　录

第1章 绪论

1.1 研究背景及意义

1.1.1 研究背景

随着能源紧缺和环境污染问题日益严峻，以光伏发电和风力发电为代表的新能源发电得到越来越多的关注。其中，光伏发电是利用太阳能电池直接将太阳能转换成电能的发电方式，是最重要的清洁能源发电方式之一，因此得到了大力推广。近年来，全球对可再生能源的关注度逐渐提高，许多国家都相继出台了支持光伏产业发展的相关政策，导致全球太阳能光伏发电市场处于快速持续扩容状态，图1-1呈现了2010—2019年全球和我国光伏装机容量变化情况。可以看出，2019年全球累计装机容量616GW，我国累计装机容量为219.5GW，占比达到了35.6%。

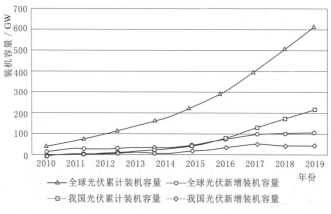

图1-1　2010—2019年全球和我国光伏装机容量变化情况

为了充分缓解光伏发电暴露出来的弃光、随机波动以及因大规模并网造成电力系统不稳定等问题，储能系统得以广泛研究。储能系统具有电源和负荷双重特性，可以快速改变系统的瞬时功率水平，在负荷低谷期，将多余的电能储存起来，在负荷高峰期，将储存的电能释放，不仅可以提升发电侧电源结构的灵活性，还可以改变需求侧负荷的变化曲线，对电网起到了很好的调节的作用。

目前，传统燃油汽车对石油的消耗量已经达到能源消耗总量的 60%，燃油汽车尾气污染问题也越来越严重，因此发展新能源汽车是降低中国对石油资源的依赖、改善环境污染的有效途径。新能源汽车主要包括电动汽车、燃料电池汽车、混合动力汽车等，其中电动汽车因具有高效、节能、低噪声、零排放等优点，近年来得到迅猛发展。预计在未来几年内，电动汽车的数量将呈现指数级增长。根据 EVsales 数据，2019 年，全球共销售了 221 万辆新能源汽车，同比增长 10%，全球新能源汽车的市场份额从此前的 2.1% 提升到了 2.5%，其中电动汽车占比达到了 74%。在中国市场，截至 2019 年 11 月新能源汽车的销量为 104.3 万辆，其中纯电动汽车销量为 83.2 万辆，同比增长 5.2%，占比达到 79.8%。当前，电动汽车仍处于发展阶段，运营规模相对较小，配套的能源供给基础设施相对薄弱，充电设施匮乏造成充电难是限制电动汽车发展的重要因素。截至 2020 年 6 月我国各类充电桩保有量达 132.2 万个，其中公共充电桩 55.8 万个，总量十分可观，但私有充电桩安装率偏低，公桩使用体验不佳，建设远不达预期。

近年来，将光伏发电和储能系统相结合已经在电力系统中得到了广泛研究，相关研究成果也已经实现落地。但是，作为一种效果相对较好的能源供应解决方案，光—储系统在新能源电动汽车充电领域的实际应用研究进度仍相对滞后。所以，将太阳能发电和储能系统同时应用于新能源电动汽车充电站，不仅可以降低成本、减少对环境的污染，还可以充分利用储能的调节作用，降低对大电网的冲击，并实现供需平衡。

总而言之，随着电动汽车的快速发展，为了缓解能源和环境方面的压力，必须探索建立一种新的电动汽车充电模式。将储能作为中间环节，上游连接光伏发电，下游与电动汽车充电站相连为电动汽车提供清洁的能量，形成一条光伏-储能-电动汽车的价值链不失为一种选择。但针对光伏-储能-充电站价值链的研究成果相对较少，存在未能考虑到整个价值链的协同作用、未能就价值链的价值创造能力展开分析等问题，所以对该价值链的实现能力、增值能力和共创能力开展深入研究，从促进光伏发电和储能技术的不断发展，提升整个链条的价值创造能力，是本书研究的关键。

1.1.2 研究意义

本书将光伏发电和储能系统引入到了电动汽车充电站中，构建了光伏-储能-充电站价值链，旨在促进价值链上各个环节的价值创造，实现多方利益主体的价值共创。具体研究意义如下：

（1）为光伏-储能-充电站价值链的能力分析提供指导。近年来，针对光伏发电、储能系统和电动汽车充电站的研究虽然取得诸多成果，但这些研究基本上都是从某一个角度或者针对某一个主体展开，缺乏对整个价值链的系统分析。大数据、云计算等颠覆性信息技术的出现为光伏-储能-充电站价值链的价值协同、价值共创创造了可能，也提供了研究的方法和理论。本书提出的光伏-储能-充电站价值链的价值实现、价值增值和价值共创分析模型为指导价值链开展价值分析提供了理论基础，奠定了今后研究的方向。

（2）为规划、管理和定量分析价值链多方利益主体的价值创造能力提供参考。光伏-储能-充电站价值链上不仅涉及多种数据资源，还涉及多个利益主体，价值链价值分析的核心不仅是提高多个利益主体参与价值实现、价值增值和价值共创的积极性，更是将这些主体视为一个价值链条开展价值能力分析。本书通过收集光伏发电数据、储能系统数据、电动汽车充电数据、大电网数据、历史数据以及专家库数据，采用决策评估、人工智能、系统动力学等方法对价值链的价值能力进行全方位的定量分析，为提升价值链的价值创造能力提供参考。

（3）为提升光伏-储能-充电站价值链能力分析的信息化水平提供方案。目前，参与主体的信息流、能量流和价值流彼此之间存在一定的"孤岛"效应，即主体之间的交互速度相对较慢。本书将基于数据中台的概念，以云计算框架为研究基础，提出光伏-储能-充电站价值链能力分析云平台的结构、模块、功能以及服务模式等框架，从信息化的角度提升利益主体之间交互的速度和能力，提升价值链的信息化水平。

1.2 国内外研究现状

随着光伏发电、储能系统以及电动汽车充电站的不断发展，相关研究正在不断跟进。本书以光伏-储能-充电站价值链为切入点，研究该价值链的能力分析模型。以下将从价值链理论、光伏产业价值链、光伏-储能-充电站价值链、光伏-储能-充电站价值链能力分析等方面对国内外研究现状进行分析。

1.2.1 价值链理论相关研究

20 世纪 80 年代，美国哈佛商学院著名战略学家迈克尔·波特创造性地提出了价值链理论，有效提升了企业价值增值能力，帮助众多企业找到了破除企业发展瓶颈的途径。迈克尔·波特在他的著作《竞争优势》中详细阐述了价值链理论的内容以及构建途径，他将一个企业中所有的生产经营活动过程视作为一个链条，该链条上所有利益主体均可通过一些有效途径为企业创造价值，这个创造价值的过程即为价值链。价值链的提出揭示了企业价值创造过程中所有参与的利益主体均存在价值并发挥作用，并且更加充分地揭示了利益主体之间协同交互的过程，凸显出各环节的重要性。价值链理论由于其能够增强企业的核心竞争力的特性，在过去 30 多年得到广泛研究与应用。彼得·海因斯在迈克尔·波特价值链的基础上，将价值链重新定义为"集成物料价值的运输线"，他认为企业的终极目标是为了实现客户价值的最大化，而获取利益只是一个辅助目标，同时他还创造性的认为将信息技术应用到企业生产经营价值增值过程中能够丰富价值链理论的研究，也能够提升企业的价值。随着信息技术的不断发展，基于彼得·海因斯的研究基础，斯维·奥克拉将企业获得竞争优势的领域从有限的物质世界延伸到了无限的信息世界，并首次提出了虚拟价值链的概念，强调了信息的重要性。此外，大卫·波维特、纳尔波夫和布兰德伯格在虚拟价值链的基础上又提出了价值网的概念，认为价值增值的过程始终会有竞争和合作的出现。国际上对于价值链理论的研究不断深入，有些学者将价值链理论与作业分析法和战略管理理论相结合，对价值链理论的应用范围和领域进行了不断的扩展和延伸。

反观国内，对于价值链的研究相对较少，主要集中在利用价值链理论制定企业的商业模式和发展策略以及利用价值链分析某一产业或行业的发展策略两个方面。蔡依陶等通过对比分析传统出租车和滴滴出行行业的价值链特征，明确滴滴出行行业的优势和劣势，基于价值链理论确定出了滴滴出行行业的发展策略。刘凯宁首先定义了一个基于价值链的商业选择模式框架，在该框架下明确了商业模式构成要素和评价指标体系，最后将 DEMATEL 法和 TOPSIS 法结合设计了一个商业模式选择方法，为企业选择最优商业模式奠定了理论基础。李晓梅借助价值链分析理论对格力电器公司的发展战略进行分析，提出了一种能够提升格力电器核心竞争力的发展战略。刘广生分析了全球及国内价值链共建及其对区域产业结构影响的机理，将价值链指标考虑在内，构建了一个区域主导产业选择模型，通过实例分析，验证了价值链理论应用在区域产业结构升级中的效果。此外，张涵、高梦映、王悦泽等都将价值链理论应用在了行业或产业的发展策略研究中。

从以上文献研究可以看出，虽然针对价值链的研究已经不断深化，研究的范围也越来越广泛，但对价值链理论的实际应用研究还有所欠缺，大部分学者，尤其是国内学者，均是从企业、产业或者行业的战略管理的宏观层面出发研究其发展策略，而针对价值链上多方利益主体的协同、增值的能力分析还不够深入。

1.2.2　光伏产业价值链相关研究

随着迈克尔·波特价值链理论的产生、发展及应用，将价值链理论应用于光伏产业形成光伏产业价值链对于光伏产业的发展就尤为重要。然而，目前研究光伏产业价值链的文献相对较少，针对光伏产业价值链的研究多集中于光伏制造业。张虎等认为我国光伏产业起步较晚，由于缺乏核心技术导致光伏产品的开发多数靠复制，所以我国光伏产业暂处于全球光伏产业价值链的末端。得益于光伏产业价值链的巨大行业利润，使得价值链的发展非常迅速，光伏制造企业的数量呈现激增趋势，导致产能过剩，影响整个产业链的发展。基于张虎的研究结论，贾昌荣提出必须通过改变我国光伏产业的发展驱动模式；调整产业的价值驱动模式才能实现光伏产业价值链的良性互动，实现共赢。

虽然针对光伏产业价值链的研究成果较少，但我们可以通过对电力产业价值链的分析，考虑提升光伏产业价值链的价值增值的能力。电力产业价值链概念的提出为光伏产业价值链的研究提供了参考依据。刘广生指出电力产业价值链是面向电力产品的整个供应链条的价值增值过程，以发电企业为整个链条的核心，由发电、输电、配电和用电等环节共同组成，链条上的所有利益主体通过彼此之间的协同和信息共享，最终实现利益最大化。谭忠富提出了可以以电价为纽带，实现对电力产业价值链上的多个主体的优化，最终提高价值链的价值实现、价值增值和价值共创能力。

随着清洁能源的大规模并网和清洁能源发电技术的日益增进，清洁能源价值链的研究逐步引起众多学者的关注。徐方秋为了消纳非并网风电，提高能源使用率，提出了一个非并网风电的价值链，并针对价值链上的多方利益主体从预测、优化和协同等角度构建了优化与评价模型，丰富了清洁能源价值链的协同管理理论；刘吉成等基于微笑曲线和主成分分析法对我国光伏产业价值链的增值动因进行深入研究，并针对不同的增值动因提出了不同的应对策略。

从以上文献分析可以看出，目前针对光伏发电价值链的研究成果相对较少，尤其是对光伏产业价值链上的多方利益主体的价值实现、价值增值和价值共创能力的研究更是微乎其微。将多方利益主体考虑在内，研究其在整个价值链条上的价值创造能力，对于提升整个价值链的盈利能力、降低整个价值链上的投资成本和环境成本是一个必然的选择。

1.2.3　光伏-储能-充电站价值链相关研究

电动汽车充电站是电动汽车能够在城际、甚至省际正常运行的保障，以往电动汽车充电站能量的来源主要来自于与大电网的能量交换。但随着近年来像风力发电、太阳能发电等新能源发电的逐渐兴起，电动汽车充电站的能量来源越来越清洁、廉价。与此同时，储能技术的不断发展很好弥补了清洁能源发电的不稳定性、间歇性和波动性的短板，能够为电动汽车充电站提供很好的调节作用。将光伏发电和储能技术引入到电动汽车充电站，形成光伏-储能-充电站价值链，是一种绿色且便捷的安全充能方式，通过价值链中各个环节的耦合，最终实现价值最大化。光伏-储能-充电站价值链的建立、协同和耦合是未来电网发展的必然趋势。

电动汽车的快速增长给大电网带来了压力，而光伏发电的引入为其提供了另一种供能方式，电动汽车充电站与光伏发电结合可减轻电网负担。据国际能源署 IEA 统计显示，2019 年全球新增光伏装机容量高达 115GW，同比增长达到 17%，光伏能源装机容量占全年可再生能源装机容量的比例已经连续三年超过

50％，其中，我国仍然是光伏装机容量最大的国家，根据我国未来能源规划，光伏发电将成为未来能量来源的主要支撑。Karmaker 等根据孟加拉国当地资源分布，将太阳能光伏组件、沼气发电机与电动汽车充电站集成在一起，提出了一种融入光伏发电的电动汽车充电站设计方式；Ul‑Haq 等指出由于光伏发电电池板易安装的特性，使得光伏能源非常容易获得，他们将光伏发电引入到了一个并网型智能电动汽车充电站，并对其运行的可行性进行了仿真研究，证明了该设计的可行性，为光伏‑电动汽车充电站的广泛应用奠定理论基础；Mouli 等以荷兰某工作场所为研究对象，结合工作场所中电动汽车充电的特点，深入论证了将光伏发电引入系统的可能性，分析了光伏‑电动汽车充电站的设计方式。

在传统能源价值链中，能源的产生的主要途径是化石能源，化石能源相对稳定，无需储能。但在光伏‑电动充电站的价值链条上，由于光伏供电的不稳定性，所以储能系统就占据了重要作用。光伏‑储能‑充电站价值链是解决交通、能源以及环境问题的重要措施。杨健维等指出电动汽车光储充电站的设计，能够提升电动汽车用户体验、降低成本、提高光伏消纳水平、缓解对环境的污染，具有重要的理论意义和实际应用价值。Esfandyari 等在校园微电网中，对包含光伏阵列和 BESS 的电动汽车充电站的技术性能进行了评估，目的是最大限度地实现自给和自控。Garcia‑Trivino 等重点介绍了电动汽车快速充电站的控制和运行，该充电站由光伏系统、锂离子电池、快速充电装置组成并与当地电网连接。J. A. Dominguez‑Navarro 等将风力发电、光伏发电和储能系统考虑在内，设计了一个电动汽车充电站，提高了充电站的效益。陈中等建立了一个包含风力发电、光伏发电、电动汽车快充装置以及储能装置的电动汽车充能站模型，明确了新能源汽车一体充能站的概念和特点，对充能站的结构和运行模式进行了深入分析。

光伏‑储能‑充电站价值链是一种降低电动汽车对当地电网的

压力，缓解对环境的污染的可行解决方案，对促进城市的可持续发展具有重大的意义，然而，从以上文献可以看出，目前针对该价值链的研究多是从某一个单一角度展开，缺乏相对系统的综合分析。

1.2.4 光伏-储能-充电站价值链能力分析相关研究

在光伏-储能-充电站价值链上存在光伏发电、储能充放电、电动汽车充电等多方利益主体，利益主体之间彼此独立，又彼此耦合，必须通过系统性、整体性和协同性的分析，才能充分发挥链条上各主体的正向作用，促进价值链的能力提升。

1. 光伏-储能-充电站价值链的价值实现能力研究现状

随着光伏-储能-充电站项目的不断增加，对价值链的价值实现能力研究变成一个重要的研究课题，因为它对企业、链条在有限的成本或资源条件下做出最优决策至关重要。光伏-储能-充电站价值链的各个环节的运营会涉及经济价值、社会价值以及环境价值等多种价值，从多个角度研究衡量该价值链的价值实现能力，制定出最优的价值实现策略就必不可少。Wu 等为了有效地优化可再生能源项目组合，促进可再生能源项目价值实现，建立了一个模糊多准则决策（MCDM）框架。Faia 等提出了改进的粒子群优化算法来求解电力市场参与者参与投资组合的优化模型。Zeng 等提出了一个多目标的发电投资组合模型来最小化成本和风险，提升价值实现能力。在这些文献中可以看到，价值实现能力分析需要考虑的目标不止一个，可持续性是一个需要考虑的重要问题，是经济、社会和环境活动之间的权衡。针对价值链的价值实现能力进行问题评价，在现有的研究中，MCDM 方法和进化算法（EA）是最常用的两种方法。Hashemizadeh 等将基于理想方案相似性的订单偏好技术和地理信息系统（GIS）技术相结合来确定与战略相关的项目组合。Wu 等利用层次分析法（AHP）和区间型模糊加权平均算子对可再生能源项目进行打分，利用非优势排序遗传算法Ⅱ选择最优投资组合。Tavana 等

提出了一种三阶段混合方法，其中数据包络分析（DEA）和
TOPSIS 用于对项目进行排序，整数规划用于选择最合适的项目
组合。在决策过程中，决策者总是在不确定的情况下给出意见，
因此需要处理一些模糊的信息，模糊集理论是一种有效的量化决
策者所给出的模糊信息的方法。例如，Huang 等利用梯形模糊
数来衡量语言信息，提出了一种模糊层次分析法来选择政府资助
的研发项目。Khalili‑Damghani 等建立了一个基于 DEA 和 EA
的框架来处理模糊环境下的可持续项目组合选择问题，以此对价
值链价值实现能力进行评价。

2. 光伏-储能-充电站价值链的价值增值能力研究现状

目前针对光伏-储能-充电站价值链的价值增值的分析相对较
少。对于光伏-储能-充电站价值链的价值增值能力的研究可以借
鉴光伏产业价值增值分析现状展开深入分析。文嫦等对晶体硅太
阳能电池产业价值链各环节的市场结构和利润分布的相关性进行
动静态分析，发现市场结构越趋向于完全竞争，该环节获取利润
的能力越弱。Zhang Fang 等分解了全球光伏产业价值链，通过
案例研究发现，中国企业首先通过技术收购进入光伏组件制造，
然后利用行业内部的垂直整合战略将自己融入全球清洁能源创新
体系。周方开提出我国光伏产业价值链存在不同环节供需失衡、
各环节发展松散及高附加值环节发展薄弱等问题。张翼霏和安增
龙研究了光伏产业价值链每个环节的成本控制问题。乌云娜等详
细分析了我国风电产业目前存在的问题，并以这些问题为基础，
提出了一种新的风电产业链模型。赵振宇以河北省为研究对象，
为了梳理影响风电产业发展影响因素之间的关系，采用了 ISM
模型。另外，系统动力学方法也成为很多学者对产业链开展分析
的关键工作。刘吉成等在以风电产业价值链为研究对象，从资本
流通子系统、风电需求子系统、组织关系子系统几个方面构建了
系统动力学模型，研究风电产业价值链的价值增值动因。对光伏
系统、储能系统和电动汽车充电站构成的价值链条的增值能力分
析可以应用系统动力学理论对价值增值的内在机理、提升机制和

优化策略进行研究，确定出价值链的价值增值能力的动因。

3. 光伏-储能-充电站价值链的价值共创能力研究现状

光伏-储能-充电站价值链上存在着多个节点之间的能源和信息流动，有利于节点间的协同合作，这是价值共创的前提，同时，如何合理地确定电动汽车充电的功率以及实现各个节点的资源配置和协同运行是优化节点价值共创能力的关键。

在电动汽车充电功率的确定方面，目前，国内外大量学者对电动汽车充电负荷预测开展了相关研究工作并取得了显著的成果，研究的方法大致可以分为四种：常量法、行为分析法、模拟法和统计分析法。

（1）常量法。就是将电动汽车的充电负荷直接设置为常量，简化模拟仿真过程。Herman' Jacobus Vermaak 等在研究中直接将充电负荷设置为常量，从而降低了新能源汽车充电站设计、优化的难度。但是，电动汽车充电负荷的确定是一个非常复杂的问题，影响因素有很多，比如电动汽车的类型、电池的容量、充电桩的功率以及充电的方式等，直接采用平均值或者常量进行优化的方法会影响充电桩的设计。

（2）行为分析法是指通过分析电动汽车用户在一定区域、一定时间内的出行规律，构建出反应出行规律的模型，从而计算得出充电负荷。在行为分析中，通常使用出行链、马尔科夫链和交通出行矩阵等方法对现实情况进行模拟或对提出的假设情况进行仿真验证。Tao Yi 基于三大城市的 GPS 出行调查数据，估算了电动汽车充电站布局与充电概率之间的关系，并采用启发式算法计算了出行链的充电概率；管志成使用马尔科夫链确定出电动汽车出行目的地的转移概率，基于分析结果，提出了基于蒙特卡洛仿真的双层电动汽车充电负荷预测模型；此外，Emil B. Iversen 是基于电动汽车用户的出行行为规律进行充电负荷分析。

（3）模拟法是一种处理电动汽车充电行为的随机性的方法，比较常用的有蒙特卡罗模拟和基于排队论的随机模拟等方法。J. Taylor 等根据电动汽车类型的不同，通过分析电动车每天中最后一次返回的时间分布，采用 MC 随机模拟出电动汽车的起始充电时间，并进行充电负荷模拟；陈丽丹认为目前电动汽车按照用途可以分为电动公交车、电动公务车、电动出租车和电动司机车四类，并采用了蒙特卡洛模拟方法模拟计算出电动汽车的充电负荷曲线；Munseok Chang 在分析用户出行的基础上，认为影响电动汽车充电的因素有充电开始时间、电池的初始充电状态和电动汽车电池充电特性，并采用了 MC 随机模拟方法对这三个因素进行了抽取；Sungwoo Bae 以高速公路路段进出车辆的统计为基础，通过排队论，计算得出了高速路边充电站的电动汽车充电负荷；张维戈则通过对电动出租车的实际调查数据进行分析，采用 M/C/G 排队模型分析了电动出租车到站 SOC 数学特征对排队系统的影响，并提出了相关改善措施。

（4）统计分析法是在传统数理统计分析、概率论分析的基础上，采用大数据、人工智能、云计算等高新信息技术对历史数据进行分析，并开展预测的一种方法。Tae‐KyungLee 采用概率估计和聚类分析方法对充电负荷分布进行了分析；郑牡丹采用云计算方法对电动汽车充电负荷进行了模拟；Mengyu Li 采用机器学习中的 kNN 算法模拟出了用户的出行行为随机特征，对电动汽车充电站的充电负荷进行预测。

这四种计算方法中，常量法因影响结果的准确性，使用率较低。其余三种方法中，与统计分析相比，行为分析和仿真对历史数据的依赖性更小，适用性更强，但分析过程更复杂，分析结果的可靠性不如统计分析。因此，这三种方法应该综合运用，相互补充，行为分析是前提，统计分析是基础，模拟是重要支撑。

在光伏‐储能‐充电站价值链定容及能量管理方面，国内外针对 PBES 的研究主要集中在容量配置和能量管理两个方面。Chaudhari 等提出了一个包含光伏的电动汽车充电站运行成本优化模型，利用实时电价优化储能系统配置以降低其运行成本。

Bhatti 等提出了一种基于粒子群算法（PSO）的电动汽车充电站容量配置优化模型，以一个财务模型为目标，对并网 PBES 中的光伏和储能容量配置进行了优化。Dominguez Navarro 等对电动汽车快速充电站进行了设计，包括充电器数量、可再生能源和储能装机功率以及与电网的合同功率，采用遗传算法对优化模型进行求解，并运用 ErlangB 排队模型对电动汽车用电需求进行仿真。Baik 等使用净现值最大化地确定了 PBES 中充电桩的数量和光伏、储能的容量。Badea 等使用遗传算法研究了离网 PBES 系统的最优配置。Torreglosa 等开发了一个能源管理系统来优化 PBES 中光伏、储能系统和电网之间的能量流。Yao 等使用混合整数线性规划（MILP）模型来协调 PBES 中电动汽车的充放电模式。Hafez 和 Bhattacharya 确定了多种能源供应的电动汽车充电站的优化设计。智能优化算法是解决优化设计问题的有效方法。在这些方法中，粒子群算法在许多工程问题中得到了广泛的应用。多代理系统（MAS）是一种由物理或逻辑上分散的代理组成的网络结构，通过协商和协调来完成复杂的控制任务。许多学者将粒子群算法与 MAS 相结合，克服了传统粒子群算法的不足。多智能体粒子群优化（MAPSO）算法结合了智能体和粒子群算法（PSO）的搜索机制，可以实现快速收敛，提高搜索结果的准确性。Kumar 等提出了将 MAS 与混合粒子群算法相结合的 MAPSO 方法，用于解决电力经济调度这样的非线性约束优化问题。Zhao 等采用 MAPSO 优化无功功率调度，并通过 IEEE30 总线电力系统和 118 总线电源系统验证了该方法的有效性和实用性。如上述文献综述所示，大多数相关研究所运用的研究方法分为三类：软件工具、规划求解和智能算法。表1-1 给出了对上述一些主要研究方法的总结。在软件工具中很容易实现仿真，但是参数设置通常是固定的。线性规划模型被广泛应用于求解优化问题，人工智能算法可以同时求解线性和非线性模型。在本研究中，将运用改进的人工智能算法MAPSO 解决优化问题。

表1-1　　　　　　　　部分研究方法总结

研究方法	参考文献	目标函数	解决方案
软件工具	[88]	度电成本、排放系数	HOMER软件
	[89]	净现值	HOMER软件
	[90]	自消耗	TRNSYS软件
	[91]	供电可靠性	IHOGA软件
规划求解	[92]	电网依赖性，太阳能使用率	MILP
	[93]	成本	线性规划
	[94]	收益	MILP
	[95]	运营成本、车主满意度	MILP
智能算法	[96]	经济模型	PSO
	[97]	净现值	遗传算法

从以上文献分析可以看出：

（1）目前关于光伏-储能-充电站价值链的价值分析的文献较少，需要借鉴光伏产业价值链以及充电站运营方面的研究成果加强对光伏-储能-充电站价值链的价值分析研究。

（2）在现有的研究中，大部分的文献均是从价值链主体的定容、能量管理或者投资组合中的某一个方面来展开，未能考虑到整个价值链的协同作用。

（3）在对价值链价值能力分析中需加强量化研究，可以将多目标优化、粒子群算法、系统动力学和决策理论等科学的、智能的算法引入到今后的研究中。

1.3　本书主要内容及结构

本书主要研究光伏-储能-充电站价值链的能力分析，分别从价值链价值实现能力、价值增值能力和价值共创能力三个方面展开，研究框架如图1-2所示。本书以价值链理论、决策评估理论、优化理论、系统动力学理论等为理论基础，提出基于梯形直

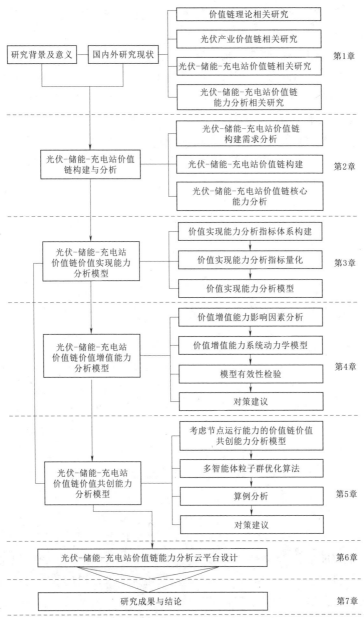

图1-2 本书研究结构图

觉模糊数和累积前景理论的价值实现能力分析模型、基于系统动力学的价值增值能力分析模型和基于多智能体和粒子群算法的价值共创能力分析模型，具体研究内容如下：

（1）本书首先分析研究的背景和研究的意义，对光伏、储能和充电站的现状进行总结分析，提出光伏-储能-充电站价值链价值能力分析研究的必要性；其次，从价值链理论、光伏产业价值链、光伏-储能-充电站价值链和光伏-储能-充电站价值链能力分析等几个方面深入研读国内外研究的现状，总结现有文献研究的不足之处；最后，在以上分析的基础上，提出研究的主要内容、结构和可能存在的创新点。

（2）构建并分析光伏-储能-充电站价值链。通过分析光伏发电、储能系统和电动汽车充电产业现状，总结出光伏-储能-充电站价值链构建的需求，构建光伏-储能-充电站价值链，对价值链的各个节点以及价值链的核心优势进行了研究，最后从价值实现能力、价值增值能力和价值共创能力三个方面论述价值链的核心能力。

（3）构建光伏-储能-充电站价值链的价值实现能力分析模型。首先对光伏-储能-充电站价值链的价值实现能力进行综合分析；其次从经济价值、社会价值以及环境价值三个维度提出价值链价值实现能力分析指标体系；最后将会建立基于梯形直觉模糊数和累积前景理论的分析模型，在所有存在的组合方案中选择出价值链价值实现能力最优的组合。

（4）构建光伏-储能-充电站价值链的价值增值能力分析模型。首先将光伏-储能-充电站价值链视为一个系统，从系统内部和外部的角度分析影响价值增值能力的关键因素，并将影响因素划分为不同的子系统，分析不同子系统之间的因果关系，揭示价值增值能力提升机制；然后，使用系统动力学模型开展模拟仿真，检验模型的有效性；最后，根据仿真结果，提出政策建议以提升价值链的价值创造能力。

（5）构建光伏-储能-充电站价值链的价值共创能力分析模

型。价值链价值共创主要是解决价值链上多个利益主体的容量配置和能量管理问题。首先，以电动汽车为研究对象，提出电动汽车充电功率的预测方法，为资源配置做铺垫；之后，以价值链的度电成本最小化为分析目标，以基于多智能体和粒子群优化的算法为分析方法，计算光伏发电以及储能的容量，并得出价值链上的容量配置和能力管理最佳方案，提高价值链价值共创能力。

（6）构建光伏-储能-充电站价值链能力分析云平台。在以上理论研究的基础上，为提升价值链价值分析的信息化水平，将以数据中台理论和云计算架构为基础，提出基于数据中台的光伏-储能-充电站价值链能力分析云平台架构。首先分析了本平台的功能需求和业务流程；最后基于云平台的设计原则，重点介绍云平台的结构设计、模块设计、功能设计和模式设计等。

（7）研究成果和结论。在本书的最后对研究形成的结论进行总结，并针对研究过程中存在的问题以及下一步需要研究的方向进行分析。

1.4 本书主要创新点

（1）将光伏系统、储能系统和充电站整合到一个价值链上进行分析研究，是一个新的研究视角。从文献综述中可以看出，针对光伏产业链、供应链的研究文献相对较多，但针对光伏-储能-充电站价值链整体的研究相对较少。因此，本书以光伏-储能-充电站价值链为研究对象开展价值分析研究是一个全新的研究视角。

（2）针对光伏-储能-充电站价值链的价值实现能力分析，本书从经济、社会和环境三个角度构建价值链价值实现能力分析指标体系，提出一种选择最优价值链方案的分析框架，能够选择出价值实现能力最强的方案组合。

（3）利用系统动力学对光伏-储能-充电站价值链的内在机理、提升机制和优化策略进行研究，通过构建系统动力学模型，

17

定量地分析出多个影响因素之间的关系，并针对分析结果，提出提升光伏-储能-充电站价值链的价值增值能力的政策建议。

（4）采用负荷仿真模型对电动汽车充电模式进行预测仿真，计算各时段的电动汽车充电需求；之后通过分析模型确定光伏-储能-充电站价值链价值共创的最优设计，包括光伏装机容量和储能容量；最后，优化储能的充放电模式和与电网的电力交换策略，采用多智能体粒子群算法对模型进行求解，提高了算法的收敛速度和结果的准确性。

（5）设计基于数字中台的光伏-储能-充电站价值链能力分析云平台，能够打破多方利益主体之间的信息壁垒，基于多源、多维度的实时和历史数据，以云计算为框架，完成光伏-储能-充电站价值链的价值实现、价值增值和价值共创在线分析，促进利益实现和价值共享，提升管理效率。

第2章 光伏-储能-充电站价值链构建与分析

电动汽车市场规模逐渐增大，对充电站的需求急剧上升，而充电站的增加会对电网造成较大的冲击，因此，出现了光伏-储能-充电站这种新的运营模式。本章将分析光伏发电、储能系统和电动汽车充电产业现状，构建光伏-储能-充电站价值链，并探究各利益主体内部和外部的价值活动，进而解析价值链核心能力，为后续研究奠定基础。

2.1 引言

目前，在全球能源危机的背景下，各个国家都在大力发展可再生能源发电技术，出台许多相关政策鼓励太阳能光伏、风电等新能源发电，激发了各个国家新能源产业链上各个利益主体的投资、开发热情，所以，近年来，新能源发电量逐年攀升。光伏和风力发电的快速发展虽然极大程度地缓解了化石能源减少带来的供电压力，但与此同时，由于新能源发电的波动不稳定等特性，使得电网的电能质量出现波动。在这种情况下，电网不得不引入储能这种既可以存储多余的电能又可以在电网峰时释放电能的调节装置来起到调节作用，储能技术的发展也促进了新能源产业的发展。

张晶指出交通运输业可以视为全球能源消耗最大的领域之一，据相关统计数据显示，全球每年大概有15％左右的碳排放是来自于交通运输的尾气。目前，缓解交通领域内碳排放最好的方法就是发展电动汽车。最近几年，由于各个国家都在极力倡导可持续发展战略，高度重视能源发展问题，使得电动汽车产业是发展成为最为迅速的产业之一。但是，充电难、续航短一直是阻碍着电动汽车的进一步发展。续航里程短的问题近两年稍有好转，电动汽车充电站的建设一直困扰着相关利益主体。

所以，将光伏发电与新能源电动汽车充电进行有力结合，同时，引入储能装置起到调节作用，形成光伏-储能-充电站一体化的充电解决方案，无疑将会是推动光伏产业、储能产业和电动汽车产业发展的一个积极因素。光伏-储能-充电站一体化充电站的提出能够实现新能源与电动汽车的就地集成，真正实现了零污染、零排放的可持续发展目标。一直以来，我国政府一直存在"一车一桩"的电动汽车产业配套要求，目前，我国充电桩的缺口还非常巨大，如果能够把握住这样的窗口期，快速发展光伏-储能-充电站一体化充电站对于光伏能源的消纳、充电桩建设的发展以及国家能源可持续发展战略的长远发展都将形成有利条件。

基于以上分析，本章首先将从光伏发电、储能系统和电动汽车充电产业现状着手，探索光伏-储能-充电站价值链构建需求；然后，基于产业现状，构建光伏-储能-充电站价值链，并开展详细分析；最后，将从价值实现、价值增值和价值共创三个方面对光伏-储能-充电站价值链的价值能力进行分析。

2.2　光伏-储能-充电站价值链构建需求分析

2.2.1　光伏发电产业现状

作为全球能源消费大国，我国在全球光伏产业的发展中扮演着重要的角色。"十二五"期间，国务院发布了《关于促进光伏产业健康发展的若干意见》（国发〔2013〕24 号），光伏产业政策体系逐步完善，光伏技术取得了显著进步，市场规模快速扩大。2016 年 12 月，国家能源局印发了《太阳能发展"十三五"规划》（下文简称《规划》）。《规划》指出，在"十三五"期间，要继续扩大太阳能利用规模，不断提高太阳能在能源结构中的比重，提升太阳能技术水平，降低太阳能利用成本。此外，《规划》中明确提出了"十三五"期间我国太阳能发展目标，即到 2020 年底，太阳能发电装机容量达到 1.1 亿 kW 以上。其中，光伏发电装机容量达到 1.05 亿 kW 以上；太阳能热发电装机容量达到 500 万 kW；太阳能热利用集热面积达到 8 亿 m^2；太阳能年利用量达到 1.4 亿 t 标准煤以上。在各项有利政策的激励下，我国连续三年保持总装机容量全球第一，呈现东中西部共同发展格局。西部省区重点布局集中式光伏发电，中东部省区重点布局分布式光伏发电，2019 年青海、新疆、内蒙古光伏电站累计装机容量均超过 1000 万 kW，江苏、浙江、山东、河北分布式光伏累计装机容量均超过 500 万 kW。市场的迅猛发展带来了很多机遇，但同时也暴露了诸多问题：

（1）目前我国集中式光伏电站仍占较大比重，但其正面临着严重的弃光问题。据国家能源局数据，2019 年我国弃光率虽然有所下降，但弃光总量仍高达 44.86 亿 kWh，从重点区域看，受制于光伏建设较为集中，电网送出能力有限以及电网建设存在薄弱环节等因素的影响，光伏消纳问题仍然主要出现在西北地区，其弃光量占据了全国总弃光量的 87%。光伏的自身特性、其他电源的调峰能力不足、电力需求不足、外送通道较少、电力市场化进程较慢等原因使得中国的弃光问题已经上升到国家战略层面，急需解决。

（2）分布式光伏装机容量占比较低，而大规模分布式光伏接入威胁电网安全运行。虽然我国分布式光伏发展迅猛，但分布式光伏总装机容量仅占光伏发电总装机容量 22.73%，这与光伏发电发展较为成熟，分布式光伏装机容量占总装机容量的 50% 以上的一些发达国家相比，仍然有一定的差距。而且，大规模分布式光伏多点、无序接入配电网，使配电网面临电能质量、谐波、经济运行等方面问题，给电网安全运行带来不可控风险。

（3）光伏发电具有清洁无污染、取之不尽用之不竭等优点，近些年已经被广泛应用于微电网系统和大电网供电中。随着发电技术、并网技术等相关技术的不断发展，太阳能发电的成本已经不断降低。但受限于新能源发电的间歇性、波动性等特性，不可避免地造成了系统供需不平衡问题的出现。

2.2.2 储能产业现状

可再生能源发电应用规模持续扩大，但就稳定性而言，可再生能源发电的方式会受到自然因素的影响，从而导致输出不稳定，具有波动性和随机性。为了解决这些问题，储能技术就应运而生。美国能源部全球储能数据库的数据显示，截至2018年6月，全球储能项目累计装机容量已经高达195GW。未来几年在各国政府相关政策的刺激下，预计新建储能项目及其装机总规模有望增加数倍。我国的储能产业起步虽然相对较晚，但得益于政策支持，近几年的发展速度令人瞩目，截至2019年，我国储能装机容量已经高达34.6GW左右，预计2023年将达到52.3GW。

储能能够有效调节可再生能源发电引起的电网电压、频率及相位的频繁变化，是促进可再生能源大规模发电、并入常规电网的必要条件。储能技术包括物理储能、电化学储能、电池储能三大类型，可应用于可再生能源并网、辅助服务、电网侧、用户侧和电动汽车五大领域。对于可再生能源并网，储能在解决弃风和弃光上发挥作用，致使大规模可再生能源发电能够平滑并入电网；对于辅助服务，储能主要起到调峰、调频以及可作为备用电源等作用；对于电网侧，储能则主要作用于输电网和配电网投资升级替代方案，可为大电网提供调频、备用功能，提高电力系统的稳定性；对于用户侧，储能主要提供需求影响管理、提高供电质量以及提高分布式能源就地消纳能力等作用；在电动汽车领域，储能主要用于为电动汽车提供能源动力。

从各项技术应用分布情况来看，锂离子电池在各个领域都获得了应用。储能系统优势如下：①储能系统可作为弃光问题的突破口。目前主要的政策机制以及电网调峰方式面临很多问题，影响了光伏发电的大规模应用，因此，储能技术可作为解决光伏发电弃能问题的重要手段；②储能系统可以调节光伏发电和用户用电。光伏发电受限于自然因素，电能输出极其不稳定，然而用户侧更多强调的是可靠、安全、稳定的用能方式，储能作为一个中间环节，发挥着削峰填谷、平抑功率和提供系统稳定性的重用作用。

2.2.3 电动汽车充电产业现状

电动汽车充电站是为电动汽车提供电能的设施，主要原因是电动汽车在进行充电时，需要强大的电流支持，一般的电网不能提供，所以要建设专用的充电站。电动汽车充电站不仅可以为电动汽车充电，还可进行日常维修和保养服务。充电站需要根据电动汽车的充电功率，结合电动汽车充电模式进行相应的设计，具体采用的充电模式包括交流慢充、直流快充、快速换电以及无线充电四种主要方式。电动汽车充电站能较好地解决快速充电问题，节能减排，而且由于电动汽车的不断推广，电动汽车充电站定将成为未来汽车行业发展的主要方向。

2.2.3.1 电动汽车充电站建设情况

从充电桩数量来看，公共类充电基础设施保持稳定增长。截至 2019 年 12 月，根据中国电动汽车充电基础设施促进联盟（以下简称"充电联盟"）发布的数据显示，联盟内成员单位共有公共类充电桩的数量达到了 49.6 万台，其中交流充电桩 28.9 万台、直流充电桩 20.6 万台、交直流一体充电桩 488 台。2015—2019 年，我国公共充电桩保有量持续保持快速增长，截至 2019 年，全国公共充电桩保有量已达到 51 万余台。充电站同样保持长足发展，分布密度提高，充电站数量迅速增加，由 2015 年的 1069 座增加到 2019 年的 35849 座。公共充电基础设施的蓬勃发展为电动汽车车主带来了极大的便利，车桩比水平持续提高，新

能源汽车与充电桩保有量配比由 2015 年的 7.84：1 提高到
3.50：1，极大地改善了新能源汽车车主充电的便利性。根据中
国电动汽车充电基础设施促进联盟整理的数据显示，2015—2019
年我国公共充电桩和公共充电站保有量如图 2-1 所示。

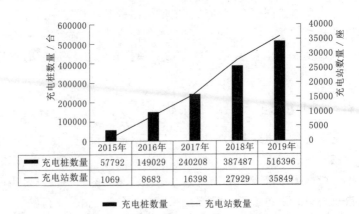

	2015年	2016年	2017年	2018年	2019年
■ 充电桩数量	57792	149029	240208	387487	516396
— 充电站数量	1069	8683	16398	27929	35849

■ 充电桩数量　　— 充电站数量

图 2-1　2015—2019 年我国公共充电桩和公共充电站保有量

　　从充电桩分布来看，公共充电基础设施建设区域仍较为集
中。截至 2019 年 12 月，广东省公共类充电桩的数量最多，达到
了 62834 台，江苏省紧随其后，达到了 60509 台，排名第三的是
北京市，数量为 59060 台。广东、江苏、北京、上海、山东、浙
江、安徽、河北、湖北、福建这些排名前十的地区建设的公共充
电桩的数量占比达到了 74%，如图 2-2 所示。

　　从全国电动汽车充电设施发展情况来看，当前主要存在四个
方面的问题：

　　（1）充电设施的数量与电动汽车增速发展严重不匹配。目前
充电设施的数量远不及电动汽车的数量，且因对充电设施建设缺
少规划，导致布局不合理，充电设施的利用率低。

　　（2）电动汽车电池技术和充电设施充电技术水平相对落后。
目前电动汽车续航能力不强，且因充电技术落后，充电时间长，
导致人们对电动汽车的购买需求不强烈，这些事制约电动汽车快

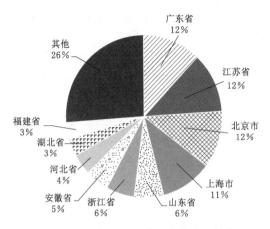

图 2-2 我国各省级行政区公共充电桩占比

速发展的重要因素。

（3）影响充电设施建设因素多，导致建设难度大。因充电设施建设涉及多个利益主体，博弈问题严重，如若不能找到最优方案，很难达成共识；充电设施的电能来源主要是大电网，所以还涉及从大电网获取电能的设施、线路问题。

（4）商业模式不完备，企业投资意愿不高，影响建设进程。现行阶段，大多数企业对于充电服务的商业模式都处于探索阶段，仍未形成成熟的模式，很多企业都处于亏损状态，严重影响了充电设施建设意愿。

2.2.3.2 电动汽车充电站类型

目前，电动汽车充电站主要有常规充电站、光伏充电站、储能充电站和光储充一体化充电站等，以下将分别阐述。

（1）常规充电站。常规充电站是指充电站的能量完全来自于电网供电，电动汽车可以完全看作是电网的一种负荷，是最早的也是最常见的一类充电桩。受大量充电汽车充电行为的影响，常规充电站会给电网带来较大的安全冲击。为了减小电网的峰谷差、提高电网设备利用率、减小电网投资，电网调度中心可以管理和控制电动汽车充电，引导用户采用合适的充电策略，充电站可以在充电时间允许的情况下,对到站车辆采取有序充电管理措施。随着充放电技术和储能技术的发展,电动汽车与电网的双向能量交换已进入研究者的视野,电动汽车可以看作一个个容量较小的分布式电源,不仅能够提高大规模可再生能源接入电网的能力,同时也可以提高系统运行的安全稳定性。

(2)光伏充电站。光伏充电站是一种通过太阳能光伏发电为电动汽车提供能量来源的充电站,在该充电站中,太阳能发电是电动汽车唯一的能量来源,该种充电方式是一种节能环保的充电方式。目前国内已经建设许多光伏充电站,光伏充电站的建立能够促进电动汽车的普及速度。但是由于光伏发电受天气因素影响较大,使得该充电方式并不是最优的解决方案。

(3)储能充电站。储能充电站是一种通过储能装置为电动汽车提供能量来源的充电站,在该充电站中,储能电池是电动汽车唯一的能量来源。该种充电方式能够有效实现电网的削峰填谷。储能充电站可以通过系统中的能量管理系统实现对电动汽车充电过程的全程监控,实现对电动汽车电池的实时检测,起到保护电池的作用,促使电动汽车能够更加安全、可靠运行。

(4)光储充一体化充电站。光储充一体化充电站顾名思义就是"光伏+储能+充电",光储充一体化充电站是指配备了小型光伏系统和电池储能系统的电动汽车充电站,运行模式示意图如图2-3所示。光储充一体化电站可以解决新能源汽车充电站配电容量不足的问题,它利用夜间低谷电价进行储能,在充电高峰期通过储能和光伏一起为充电站供电,满足高峰期用电需求,既实现了削峰填谷,又节省了配电增容费用,增加新能源的消纳,弥补了太阳能发电间歇性的不足,是一种可持续的能源利用方式。作为一种加快可再生能源整合和增加环境效益的解决方案,目前世界各地的许多城市已建成光储充一体化充电站。光储充一体化充电站的主要组成部分包括光伏发电机、电池组、终端用户(EV)和能量管理系统。如果光储充一体化充电站处于并网模式,则可以包含公用电网。光储充一体化充电站中能源管理系统负责收集、控制和共享来自发电、储能和负荷的数据。光储充一体化充电站可以根据实际情况离网或并网运行。在离网模式下，当发电量高于电力负荷时，剩余电量存储在储能系统中。当发电量低于电力负荷时，储能系统会将为负载充电。在并网模式下，允许与大电网进行售电和购电。光储充一体化充电站在光伏发电高峰时段向电网销售剩余电力以盈利，在光伏发电低谷时段从电网购买电力以获得较低的电价。

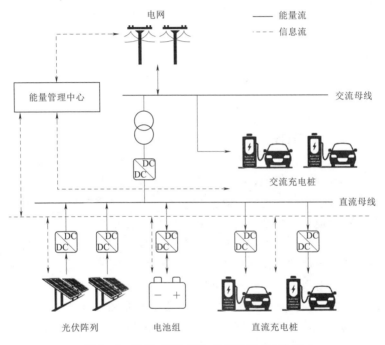

图 2-3 光伏-储能-充电站运行模式示意图

新能源汽车的普及，用户对快充的体验要求，城市的用电负荷会远远超过现有供电容量，而城市扩容难已成为现实，未来电动汽车集中充电很有可能导致城市用电荒现象，分布式储能不但可以解决城市扩容问题，还可以为商业综合体及智能楼宇提供备用电源，避免在用电高峰时段出现临时停电现象。光伏-储能-充换电站对新能源汽车的发展影响深远，意义重大，光伏自发自用，绿色经济，储能缓解电网扩容投资，光伏-储能-充电站必将成为充电基础设施发展的主流方向。

2.2.4 光伏-储能-充电站价值链构建需求

通过对光伏发电现状、储能现状和电动汽车充电产业现状的分析，得出光伏-储能-充电站价值链的构建需求如下：

（1）急需通过储能解决光伏发电大规模并网电能质量低的问题。光伏能源虽然具有取之不尽用之不竭的优势，但自然因素对其产能的影响非常大，造成供能不稳定，这也是其未能成为主要供能方式的原因之一。储能系统具有负荷和电源的双重特性，将光伏发电与此结合，能够提高系统的灵活性，降低光伏发电不稳定对系统的冲击，提升电能的稳定性。

（2）急需发挥储能系统优势，大规模应用储能。目前储能投资成本较高成为了影响储能发展的主要因素之一，但未来随着技术的不断发展，储能的投资成本势必会越来越低，储能势必会成为光伏发电消纳和电动汽车充电站建设的一个重要环节，因此，必须将储能作为一个重要的投资方向开展前瞻研究。

（3）急需为电动汽车充电站引入新的供能模式。前一章已经指出我国充电站建设规模与电动汽车的数量严重不匹配，电动汽车集中充电很有可能导致城市用电荒问题的出现。而光伏发电和储能系统不但能够缓解用电荒的问题，还能够降低对环境的污染，具有保护环境的作用，光伏-储能-充电站建设未来必将成为充电基础设施建设的主要选择之一。

（4）急需构建完整的产业价值链，提升价值创造能力。光伏能源从发电到电动汽车消纳电能的过程中往往涉及多个企业、多个主体的信息、能源、数据等协同合作，多利益主体的协同便是一个从价值实现到价值共创的过程，因此必须从系统、协同的角度开展价值链研究，从而提升价值创造能力。

2.3 光伏-储能-充电站价值链构建

新能源汽车的普及，用户对快充的体验要求，城市的用电负荷会远远超过现有供电容量，未来电动汽车集中充电很有可能导致城市用电荒现象，分布式光伏和储能可以解决电动汽车充电站增加而引发的集中用电问题。光伏自发自用，绿色经济，储能缓解电网扩容投资，光伏-储能-充电站模式已成为充电基础设施发展的一种可行方式。

2.3.1 光伏-储能-充电站价值链节点分析

光伏-储能-充电站价值链包含的核心节点为光伏发电节点、储能节点和充电站（桩）节点，其他相关的利益主体还包括政府、技术服务供应商和用户等。内部和外部节点的协同活动共同促进了价值链的运行。

1. 光伏发电节点

随着能源互联网的发展，未来的低碳电力系统电源中一半以上为光伏等清洁能源，这些不可调控的电源大大降低了电网对用电侧峰谷变化的调节与适应能力，由此造成大量的弃光现象，因此，需要探索多种路径有效消纳光伏能源。由于技术的发展，光伏元件成本大幅下降，发展光伏能源的制约因素已由基础元件成本转为安装空间和安装成本，因而以建筑屋顶为代表的分布式光伏成为光伏能源发展的重点路径之一。

未来，电动汽车充电站的需求会大幅增长，对电网造成了较大的冲击，对配电网的建设提出了更高的要求，充电站运营商也会付出更多的电费成本。而传统充电站的屋顶往往是闲置的。因此，可以将屋顶利用起来安装光伏系统，作为充电站的电力供应源，一方面能够提高经济效益，另一方面能够促进光伏能源消纳，减少环境污染。

2. 储能节点

2016 年 2 月 29 日，国家发展和改革委员会、能源局、工信部联合发布了《关于推进"互联网＋"智慧能源发展的指导意见》（发放能源〔2016〕392 号），多处提及推动储能产业发展，提出了集中式和分布式储能应用，赋予了能源更丰富的应用方式。在为充电站配备了光伏能源以后，为了解决弃光问题，需要应用储能系统存储多余电能，同时，又能利用峰谷电价在夜间电价低谷时储能，在充电高峰期通过储能和光伏一起为充电站供电，既实现了削峰填谷，又节省了配电增容费用，增加新能源的消纳，是一种可持续发展的能源利用方式。另外，也可以考虑二次利用退役的锂离子动力电池，建设低成本的储能系统，能够避免环境破坏和资源浪费，取得良好的社会效益。由于储能节点的加入，在充电站形成规模后，光伏和储能的配置不仅能有力支撑城际充电网络布局，还可借助其技术特性参与电网调峰调频、削峰填谷等辅助服务。

3. 充电站（桩）节点

随着电动汽车的快速增长，电网负荷不断增大，势必冲击电网运行效率。而增加配电设备容量，将会涉及变电站建设、线路建设、多部门协调及复杂的施工改造等问题，成本巨大，推动过程缓慢，将不利于电动汽车的推广和普及。2019 年 12 月工信部发布《新能源汽车产业发展规划（2021—2035 年）》（国办发〔2020〕39 号）提出加快形成适度超前、慢充为主、应急快充为辅的充电网络，提高充电基础设施服务水平，充电运营鼓励商业模式创新。因此，配备光伏和储能系统的电动汽车充电站能够做到电量自发自用，不需要增加电网容量就可实现对电动汽车充电的电力供应，进而满足随着电动汽车增长而迅速增多的充电需求。

4. 其他节点

除了价值链上的核心节点外，价值链外部也有相关利益主体参与价值链的运行，影响价值链的价值增值，包括电网、政府、金融机构、技术服务供应商、用户等。在需要的情况下，光伏-储能-充电站会与电网企业进行能量交换，在光伏和储能供电不足时，电网能够为充电站提供电量，在供电过剩时，将多余电量上网获取一定收益。政府通过发布相关的政策、文件对产业发展提供支持，并且能够监管市场，推动产业发展。用户是充电服务的终端消费者，用户的反馈也会影响到充电站的运行，实现价值共创。随着能源互联网的发展，信息技术在光伏-储能-充电站价值链的运行中起到了重要的作用，技术服务供应商能够提供数据分析、运营平台建设、用户 App 设计等服务，实现数据与信息的价值。

2.3.2 光伏-储能-充电站价值链构建

通过光伏能源为电动汽车充电站供电是一种新的充电站运营模式，可以解决电动汽车充电站配电容量不足的问题，又增加了光伏能源的消纳，储能节点的加入使充电站在充电高峰期通过储能和光伏一起为充电站供电，满足高峰期用电需求，既实现了削峰填谷，又弥补了太阳能发电不连续性的不足，是一种可持续发展的能源利用方式。根据能源的产生、流动与消纳，判断价值流向，可以发现，光伏系统产生能源后存储到储能系统当中，通过充电站进行消纳，构成了光伏-储能-充电站价值链。

2.3.2.1 内部价值链活动

由美国哈佛商学院著名战略学家迈克尔·波特提出的"价值链分析法"，其核心是任何企业的价值链都是由一系列相互联系的创造价值的活动所构成，包括主体活动和辅助活动。主体活动是指企业经营过程中的实质性活动，一般细分成原材料供应、生产经营、外部物流、市场营销和售后服务五种活动，辅助活动是指那些支持主体活动，而且内部之间又相互支持的活动，包括企业基础设施管理、人力资源管理、技术开发和采购管理四种活动。

内部价值链是利益主体内部创造价值的各种活动的集合。对光伏-储能-充电站价值链来说，核心利益主体即为光伏、储能和充电站的运营主体。每个主体内部价值的产生贯穿于建设、运行、维护等各个环节。对于光伏和储能节点企业来说，价值的产生与增值是通过制造产品完成的，因此其内部价值链的主体活动为原材料采购、光伏组件或储能系统生产、产品销售、运行与维护等。而对于充电站主体来说，主要通过为电动汽车用户提供充电服务而获得收益，主体活动包括设备采购、充电设施的建设、充电站运行、售后服务等。各节点内部价值链活动如图2-4所示。

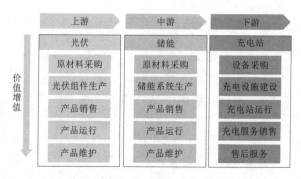

图2-4 各节点内部价值链活动

2.3.2.2 外部价值链活动

为了研究光伏-储能-充电站价值链上能源、信息和资金的流动，不仅要研究单一节点内部活动，更需要将价值链作为一个整体，研究节点之间的价值链活动以及价值链外部相关利益主体与节点之间的活动。光伏-储能-充电站外部价值链活动如图2-5所示。

在光伏-储能-充电站价值链中，光伏节点通过光伏发电，为储能节点和充电站提供能源，储能节点存储多余的光伏能源，在光伏电力不足时为充电站提供电力，充电站通过充电设施为车主提供充电服务，获取收益，价值链的运行是价值创造与价值增值

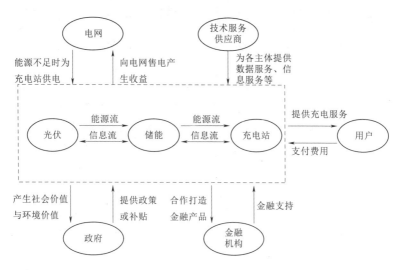

图 2-5 光伏-储能-充电站外部价值链活动

的过程。光伏-储能-充电站价值链的外部，政府、电网公司、金融机构、技术服务供应商、用户等主体都会与价值链产生不同的价值活动。政府既是市场的监管者，又是项目推动者。政府向投资运营商、用户提供政策性补贴以推动光伏-储能-充电站项目的顺利实施，减少对传统能源的消耗，促进光伏能源利用，降低污染排放，从而推动社会实现低碳可持续发展。技术服务供应商能够运用大数据、人工智能、云计算、5G 等最新的技术打造价值链的信息技术平台，深入分析发电和用电数据，促进节点之间的业务协同和信息共享，更好的发挥数据和信息的价值，为用户提供增值服务。用户是充电站的终端消费者，用户满意度的上升会推动价值链的发展。光伏-储能-充电站系统将光伏、储能系统运营商、充电站运营商、用户、政府、金融机构等利益主体有机融合在一起，共同创造有竞争力的产品和服务，并深入参与到价值链创造的各个环节，最大限度地协同合作，共同推动光伏-储能-充电站市场的发展。

2.3.3　光伏-储能-充电站价值链核心优势

与传统的电动汽车充电站运营模式相比，光伏-储能-充电站构成的价值链具有以下核心优势：

（1）提高电网对光伏能源的接纳能力。近几年，我国新能源的建设进入了快速发展阶段，但是我国太阳能资源远离负荷中心，当地电网无法全部消纳，需大规模、远距离输送至负荷地，其输送功率的大范围波动将会严重影响区域电网的安全稳定运行。光伏-储能-充电站价值链是一种可行的新能源就地消纳的形式，同时，储能装置能够提供快速的有功支持，可以有效解决光伏发电并网的间歇性、不确定性问题，大幅提高电网接纳可再生能源的能力，促进可再生能源的集约化开发和利用。

（2）提高充电站的经济效益。光伏系统的应用能够减少充电站的电费，同时，储能系统可利用峰谷电价调节作用调节充电站充电功率，电网低谷时储能，在电网峰平时段对外充电，从而利用峰谷电价获益，有利于充电站降低成本，也能促进配电网移峰填谷。光伏和储能系统的参与能够通过制定能量管理与有序充电策略，平抑快充负荷波动、改善充电站电能质量、提高充电站综合效益。

（3）为社会提供更优质更广泛的充电服务。发展电动汽车的制约因素之一是充电桩系统的建设。如果按照加油站模式建起遍布城市的快速充电网，将导致电网的供配电容量再增加一倍以上，电网系统需要超万亿元的扩容投资。而光伏-储能-充电桩价值链的发展，使充电站不需要增加电网容量就可以对电动汽车充电进行电力供应，既消纳了光伏能源，又缓解了充电桩用电对电网的冲击，在提高充电的便利性和快捷的储能服务的同时，还能够延缓及优化城市电网改造，并有效解决用地供应紧张、建设周期长等问题，因此在未来能够实现大规模发展。尤其当电动出租车、电动公交车、乘用新能源车等逐步实现规模化应用后，光伏-

储能-充电站价值链将产生更为显著的社会效益。

2.4 光伏-储能-充电站价值链核心能力分析

2.4.1 价值实现能力分析

1. 价值实现能力

价值实现能力指企业创造的价值被市场认可并接受，从而完成了要素投入到要素产出的转化。对于一个企业而言，价值实现是以共赢或者多赢为前提的，其价值实现主要表现在三个方面：①企业的价值实现首先是表现为顾客或者用户的价值实现，即顾客或者用户认为购买所得到的利益要大于其自身支出的，也就是说顾客或者用户从企业得到的产品、服务或者设计是超出其预期的体验，这是企业价值实现最基础的表现；②其次是合作价值，即企业通过与合作伙伴的相互协同，通过不断优化其产业链、价值链，最终得以降低其生产成本，提高运作效率，实现共赢，这是企业价值实现的保障；③最后就是企业自身的价值，表现为企业最终的盈利。

光伏-储能-充电站价值链融合了光伏、储能和充电站三个行业，实现了从原材料获取、能源生产到能源存储、能源消费的过程。光伏-储能-充电站价值链的价值实现能力不仅体现在经济效益，还应该包括价值链对社会、对环境等的作用，从而提升社会效益和环境效益。所以，光伏-储能-充电站价值链价值实现能力主要体现在以下三个方面：①经济价值，主要是指光伏-储能-充电站价值链的成本控制能力、收入创造能力等，是价值链从经济行为中获得利益的衡量；②社会价值，价值链的价值并不单单只是经济方面，其对社会需求的满足以及对社会进步所做的贡献，同样是价值链的价值实现；③环境价值，因为光伏-储能-充电站价值链的价值实现是通过价值链上能量的不断流动实现的，从可持续发展和绿色发展的角度而言，价值链对于环境的影响越小，其价值能力也就越高，所以环境价值对于光伏-储能-充电站价值链的价值实现能力分析是一个必备指标。

2. 价值实现能力分析的核心要素

前面已经提到光伏-储能-充电站价值链涉及光伏、储能和充电站三个产业，这三个产业独立运行时，分别具有各自的价值，但将这三个产业视为一个链条进行价值创造的过程，并不是简单的三个产业价值之和就是价值链的价值，所以需要对融合三个产业的价值链开展价值实现能力分析。价值链的价值实现不仅包括经济价值的实现，还包括社会价值和环境价值两方面，也就是说开展对光伏-储能-充电站价值链价值实现能力分析必须从经济价值、社会价值和环境价值三个维度分析。

经济价值、社会价值和环境价值的分析会涉及很多分析维度，由此构成了价值链价值实现能力分析指标体系，指标体系的定量处理需要数据库和专家库做支撑，并通过价值实现能力分析模型，对价值链的价值实现能力开展分析。综上，价值实现能力分析的核心要素主要包括经济、社会和环境价值实现分析指标、数据库、专家库和模型库，以及存储分析结果的案例库等。

3. 价值实现能力提升路径

光伏、储能和充电站三个产业分别具有各自的价值，但如果不产生协同耦合，彼此的价值是独立的，不能形成规模效益。光伏能源具有取之不尽用之不竭的优点，储能系统能够克服光伏发电具有的不稳定、并网冲击的缺点，将这两个主体协同运作，同时作为一种全新的能源供给模式引入到新能源电动汽车充电站中不仅能够提升经济效益，还能够产生社会价值，并降低对环境的污染，所以这三个利益共同体的结合是一个"1＋1＋1＞3"的过程，是一个价值提升的过程。价值实现能力分析就是要对三个利益主体融合之后的价值链的经济价值、社会价值和环境价值开展深层次研究，分析出价值实现能力最优的形态。所以，价值实现能力提升路径可以总结为：结合光伏、储能和充电站三个主体各自的优势，构建出光伏-储能-充电站价值链，并从经济、社会和环境三个维度构建价值实现能力分析指标，采用实现能力分析模型计算出价值实现能力最好的情景，从而指导投资者和管理者开展更好的投资决策。

2.4.2 价值增值能力分析

1. 价值增值能力

价值增值是指通过经营和管理活动，把低投入转换成高产出，价值增值涉及的内容非常广泛，不局限于利润收入的增加，还包括了资源的增值、运营能力的增值、技术含量的增值、团队能力的增值等方面。光伏-储能-充电站价值链要提升核心竞争力，必须进行价值链的价值增值能力分析，即关注价值链的增值环节，分析影响价值增值的驱动因素。

光伏-储能-充电站是一个非常复杂的多层次系统，要研究该价值链的价值增值，必须深入分析体现价值增值的驱动因素。完整的光伏-储能-充电站价值链系统包括能源流、信息流的传递等环节，也与技术发展水平，城市的经济、社会环境与政府政策等息息相关。对于驱动因素的研究一般应从价值链系统的内部和外部两个方面开展。内部因素主要是指价值链上各个节点的内部活动、协同运行等，外部因素则是外部作用于价值链而产生的价值活动，一般有政策影响、市场影响等。内部因素是价值链价值增值的直接环节，能够直接反映价值增值，外部因素是价值链价值增值的辅助环节，同样影响着价值链的价值增值。所以，可以将光伏-储能-充电站价值链划分为资源流通子系统、节点运营子系统、用户需求子系统和技术创新子系统，这些子系统作为价值增值驱动因素，共同影响价值链的价值增值过程。

2. 价值增值能力分析的核心要素

价值实现能力分析解决了光伏、储能和充电站协同价值的"1＋1＋1＞3"问题，在选择出价值实现能力最优的情景之后，下一步考虑如何进一步提升当前组合的价值创造能力，即价值增值。价值增值能力分析可以从价值链系统的内生价值和外在活动两个角度着手。内生价值的影响因素主要各利益主体的内部活动、系统的运行能力、系统内部资源流动等方面，外部活动价值创造的影响因素主要有市场因素、政策法规和技术发展水平等，这些内外部因素共同作用影响价值链的价值提升和价值增值能力。

为了解决价值链的价值增值能力分析问题，可以从模型库中调取系统动力学模型，并在历史数据库中获取所需要的数据支撑分析模型的开展。所以，价值增值能力分析核心要素包括：影响价值链价值增值的内生和外在活动、支撑能力分析的数据库、模型库和案例库等方面。

3. 价值增值能力提升路径

根据系统的内生价值和外在活动，建立资源流通、节点运营、用户需求和技术创新子系统，采用系统动力学分析模型，建立各子系统的因果关系，并形成反馈回路，探究光伏-储能-充电站价值链的价值增值内在机理，探索价值增值能力的提升机制。之后，以累计收入、人力资本、技术创新成果和用户规模的总和作为价值链价值增值能力的衡量标准，运用 VensimPLE 进行仿真模拟，达到优化价值链增值能力的目的。所以，光伏-储能-充电站价值链价值增值能力分析提升路径可以总结为：通过分析价值链的内生活动和外在活动，建立影响因素的因果关系，探究出价值增值的内在机理和提升机制，并采用系统动力学分析模型对系统进行仿真，分析出光伏-储能-充电站价值链价值增值能力的提升策略。

2.4.3　价值共创能力分析

1. 价值共创能力

价值共创是指消费者和企业之间不再是买方和卖方的单边关系，而是合作共赢、共同协作的良性互动关系，通过这种新的关系实现价值的共同创造的过程。在价值共创中，企业不再是产品价值的核心，消费者也不再是被动地接受，而是变成了多主体之间的合作共赢。

光伏-储能-充电站是一个包含光伏产业、储能产业和充电桩等产业的复杂的系统，系统中存在多个利益主体，利益主体之间不仅有能量的流动，还有价值流动和信息流动。对于这样一个复杂的系统，利益主体之间不断的交互、耦合、互动、协作是价值链价值共创的前提。所以，必须对价值链上的各节点开展资源最优配置和协同运行分析研究。在光伏-储能-充电站价值链上，光伏系统、储能系统、充电站和电网之间信息不断交互，可以通过优化算法计算出光伏系统容量和储能系统容量的最优配置，并明确各个节点每个时刻的能量生产或消耗量，最终实现价值链各节点的协同运作，合作共赢，实现价值共创。

2. 价值共创能力分析的核心要素

价值共创能力分析是对价值链上各个主体的协同耦合能力开展分析，在价值增值能力分析的基础上，价值共创的主体增加了电网，这是因为通过与电网的能量交换能够实现价值链的价值最大化，即可以选择在电网负荷低谷时，以低价从电网买电储存起来，在电网负荷高峰时，可以将价值链储存的能量以高价卖出，从而实现价值链价值最大化。价值链价值共创是实现对价值链的价值流、能量流的共创，但前提是信息流共享。通过以上分析可知价值链的价值共创是在各价值主体信息流共享的基础上，通过对价值流和能量流开展分析，从而达到价值最大化。

信息流的共享需要基于大数据处理技术进行实时处理，并基于云平台进行交互，价值流和能流量的共创需要分析出系统的最优配置，在满足系统能量供需平衡的基础上，通过最低的投资以及最优的与电网交互机制，实现机制最大化。所以，价值链价值共创能力分析的核心要素包括信息流、价值流和能量流的共创，存储大量实时数据的数据仓库、收益最大化的分析模型库等方面。

3. 价值共创能力提升路径

光伏-储能-充电站价值链价值共创能量提升路径为：首先，通过大数据实时处理技术和云平台共享交互技术实现价值主体的信息共享；之后，基于信息流共享，研究价值链各价值主体的能量管理机制，在满足供需平衡的约束下，探索出最优的容量配置和能量分配机制，通过与电网的价值交互以及最优的投资配置，实现系统成本最小化和效益最大化，从而提升价值链的价值共创能力。

2.5　本章小结

为了研究光伏-储能-充电站的价值流动，本章分析了电动汽车产业发展现状，剖析了产业面临的问题以及产业的发展方向，阐述了光伏-储能-充电站价值链产生的背景，并分析了价值链上核心节点和外部节点，构建了光伏-储能-充电站价值链节点内部价值链和外部价值链，在价值活动的基础上分析了价值链的核心能力，分别为价值实现能力、价值增值能力和价值共创能力。

第3章

光伏-储能-充电站价值链价值实现能力分析模型

光伏-储能-充电站价值链中，光伏组件提供能源，储能系统存储能源，充电站消耗能源，伴随着能源和信息的流动，各环节不断产生价值，包括经济价值、社会价值和环境价值。为了衡量价值链的价值实现能力，本章将构建基于经济、社会和环境价值目标的分析指标体系，运用梯形直觉模糊理论、累积前景理论和多目标粒子群算法实现单方案和多方案组合的价值实现能力分析。

3.1 引言

光伏-储能-充电站价值链价值实现是指在由光伏、储能和充电站构成的价值链条中，将光伏组件产生的电能，通过储能的调节作用，使得电动汽车获得能量来源，这种通过能量的流动，完成价值从无到有的创造过程就是价值实现，这里的价值不仅包括经济价值，还包括社会价值和环境价值等。不同于传统的制造业价值链，光伏-储能-充电站价值链融合了光伏、储能和充电站三个行业，实现了从原材料获取、能源生产到能源存储、能源消费的过程。光伏-储能-充电站价值链代表的产业不仅拥有巨大的市场潜力，能够实现较好的经济效益，而且满足了更多的充电需求，避免了环境破坏与资源浪费，获得了良好的社会价值和环境价值。因此，多维度的价值实现能力是光伏-储能-充电站产业发展的核心能力，有必要构建多维的分析体系来衡量其价值实现能力。对价值实现能力的合理分析在实践中也具有非常重要的用途，例如，在项目建设初期，投资方需要根据其价值实现能力的评价结果选择最优的一个或多个解决方案。

基于上述分析可以发现，光伏-储能-充电站价值链价值实现能力分析是具有理论和实践意义的。因此，本章将构建多维的光伏-储能-充电站价值链价值实现能力分析指标体系，首先，分别从经济价值、社会价值和环境价值实现的角度构建分析指标体系，运用梯形直觉模糊理论获取定量和定性指标的数值；其次，通过累积前景理论得到备选方案的综合前景值，得到单方案的分析结果，再构建以经济、社会和环境价值最大化为目标的能力分析模型，得到多方案组合的分析结果；最后，将通过算例分析验证模型的有效性与合理性，价值实现能力分析框架如图 3-1 所示。

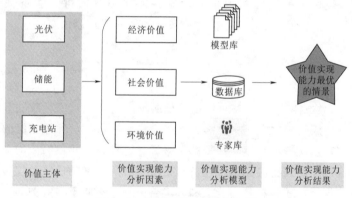

图 3-1 价值实现能力分析框架

3.2 价值链价值实现能力分析指标体系构建

为了衡量光伏-储能-充电站价值链的价值实现能力，本章从可持续发展的角度出发，选择了三个分析目标：经济价值、社会价值和环境价值。从这三方面确定了 14 个价值链价值实现能力分析指标，如图 3-2 所示。在组合方案分析过程中，经济价值、社会价值和环境价值也会作为三个优化目标进行优化组合。

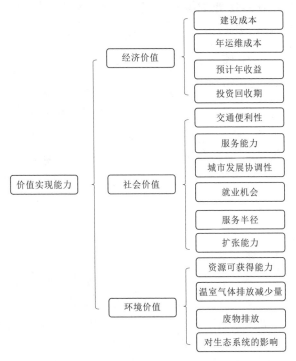

图 3-2 光伏-储能-充电站价值链价值实现能力分析指标

3.2.1 经济价值指标

为了衡量光伏-储能-充电站价值链经济价值实现能力，选择了对建设成本、年运维成本、预计年收益和投资回收期四个指标进行分析，具体描述如下：

(1) 建设成本 (C_{11})：包括土地成本、充电设施成本、光伏阵列成本、电池成本、安装成本等固定成本。

(2) 年运维成本 (C_{12})：包括员工工资、光伏发电不足时从电网购买电力的成本、设备维护成本等。

（3）预测年收益（C_{13}）：包括充电服务获取的收益和向电网售电获得的利润。该指标能够反映价值链的盈利能力。

（4）投资回收期（C_{14}）：表示收回投资的能力，是投资者的重要指标。

3.2.2 社会价值指标

从社会价值实现的角度分析，影响价值链价值实现的指标包括交通便利性、服务能力、城市发展协调性、就业机会、服务半径和扩张能力。以下是指标的具体描述。

（1）交通便利性（C_{21}）：指电动汽车充电站附近的交通状况、主要道路数量、乘坐公共交通工具的便利程度等。便捷的交通可以帮助司机更方便的安排出行，进而为更多的客户提供充电服务。

（2）服务能力（C_{22}）：指电动汽车充电站为客户提供服务的能力，可通过快、慢充电设施数量、预期开放时长、目标区域周围潜在电动汽车车主数量等方面进行综合评估。

（3）城市发展协调性（C_{23}）：指光伏-储能-充电站价值链对当地城市建设的影响。如果设施的建设能够与城市交通规划和电网规划相协调，那么它将更好地承担服务社会的责任。

（4）就业机会（C_{24}）：指为社会特别是为当地社区创造就业机会的能力。

（5）服务半径（C_{25}）：指目标电动汽车充电站与相邻充电站之间的距离。该指标反映了电动汽车用户获得充电服务的便利程度。

（6）扩张能力（C_{26}）：指未来扩张价值链各节点规模的可能性。随着电动汽车保有量的增加，车主数量的增加，未来可能需要提供更多的服务。

3.2.3 环境价值指标

从可持续发展的角度来说，环境价值的实现是光伏-储能-充电站价值链的价值实现的重要组成部分。本章从资源可获得能力、温室气体排放减少量、废物排放和对生态系统的影响四个方面分析价值链环境价值实现能力。

（1）资源可获得能力（C_{31}）：衡量获取所需资源（如土地和太阳能等）的能力。建设用地需求可能会影响一些农田或景区，此外，丰富的太阳能资源的获取能够更好地利用能源，减少光伏组件的使用。

（2）温室气体排放减少量（C_{32}）：指结合光伏和储能的电动汽车充电站与普通的电动汽车充电站相比空气污染物的减少量。在光伏-储能-充电站价值链中，充电站使用光伏能源供电，并将多余的电力卖给电网，这是一种比其他充电站更清洁的运营方式。

（3）废物排放（C_{33}）：指污水、建筑垃圾、电池处置等的废弃物的排放。

（4）对生态系统的影响（C_{34}）：该指标能够衡量目标价值链的环境友好度，对环境的影响越小越好。

3.3 光伏-储能-充电站价值链价值实现能力分析模型构建

3.3.1 价值链价值实现能力分析方法

将光伏、储能和充电站三个不同产业各自的优势相结合形成光伏-储能-充电站价值链是一个价值实现和价值提升的过程，结合之后，需要对价值链的价值实现能力展开分析，上一节已经建立了价值链价值实现能力分析指标体系，本节将围绕分析指标体系，构建不同的方案，分析出价值实现能力最佳的情景。首先，采用基于梯形直觉模糊数和累积前景理论的分析模型，分析评价单个光伏-储能-充电站价值链的价值实现能力，然后，采用多目标粒子群算法（Multi - Objective Particle Swarm Optimization，MOPSO）分析多个价值链组合的价值实现能力。

3.3.1.1　梯形直觉模糊理论

定义 1：设 X 为一个非空集合，则定义 X 上的一个直觉模糊集为

$$A = \{\langle X, \mu_A(x), v_A(x) | x \in X \rangle\}$$

其中，$\mu_A(x)$ 和 $v_A(x)$ 分别为隶属度和非隶属度，且对于所有的 $x \in X$，均满足 $\mu_A(x)$：$X \rightarrow [0, 1]$，$v_A(x)$：$X \rightarrow [0, 1]$，$0 \leqslant \mu_A(x) + v_A(x) \leqslant 1$。另外，对于所有的 $x \in X$，犹豫度可以表达为 $\pi_A(x) = 1 - \mu_A(x) - v_A(x)$。

定义 2：设 $\tilde{a}$ 为实数集上的一个直觉模糊数，其隶属度和非隶属度函数表达式如下：

$$\mu_{\tilde{a}}(x) = \begin{cases} \dfrac{x-a}{b-a}\mu_{\tilde{a}} & a \leqslant x < b \\ \mu_{\tilde{a}} & b \leqslant x \leqslant c \\ \dfrac{d-x}{d-c}\mu_{\tilde{a}} & c < x \leqslant d \\ 0 & x < a \ or \ x > d \end{cases}$$

$$v_{\tilde{a}}(x) = \begin{cases} \dfrac{b-x+(x-a')}{b-a'}v_{\tilde{a}} & a' \leqslant x < b \\ v_{\tilde{a}} & b \leqslant x \leqslant c \\ \dfrac{x-c+(d'-x)}{d'-c}v_{\tilde{a}} & c < x \leqslant d' \\ 1 & x < a' \ 或 \ x > d' \end{cases}$$

其中，a，a'，b，c，d，d' 为实数并满足 $a' \leqslant a \leqslant b \leqslant c \leqslant d \leqslant d'$；$\mu_{\tilde{a}}$ 和 $v_{\tilde{a}}$ 分别为隶属度的最大值和非隶属度的最小值并满足 $0 \leqslant \mu_{\tilde{a}} \leqslant 1$，$0 \leqslant v_{\tilde{a}} \leqslant 1$，$\mu_{\tilde{a}} + v_{\tilde{a}} \leqslant 1$。那么，$\tilde{a} = \langle (a, b, c, d), (a', b, c, d'); \mu_{\tilde{a}}, v_{\tilde{a}} \rangle$ 就被称为梯形直觉模糊数，如图 3-3 所示，其犹豫度可以表示为 $\pi_{\tilde{a}} = 1 - \mu_{\tilde{a}} - v_{\tilde{a}}$。

如果 $a=a'$ 并且 $d=d'$，即可以简化为 $\tilde{a}=[(a,b,c,d);$ $\mu_{\tilde{a}},v_{\tilde{a}}]$。显然，当 $b=c$ 时，梯形直觉模糊数退化为三角直觉模糊数。而且，如果 $\mu_{\tilde{a}}=1$ 并且 $v_{\tilde{a}}=0$，那么 $\tilde{a}$ 被称为标准梯形直觉模糊数。

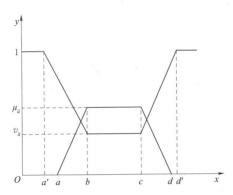

图 3-3 梯形直觉模糊数

定义 3：设 $\widetilde{a_1}=\langle(a_1,b_1,c_1,d_1),(a_1',b_1,c_1,d_1');$ $\mu_{\tilde{a}_1},v_{\tilde{a}_1}\rangle$ 和 $\widetilde{a_2}=\langle(a_2,b_2,c_2,d_2),(a_2',b_2,c_2,d_2');$ $\mu_{\tilde{a}_2},v_{\tilde{a}_2}\rangle$ 为两个梯形直觉模糊数，λ 为任意实数。那么，梯形直觉模糊数之间的运算法则如下：

$\widetilde{a_1}+\widetilde{a_2}=\langle(a_1+a_2,b_1+b_2,c_1+c_2,d_1+d_2),(a_1'+a_2',b_1+b_2,c_1+c_2,d_1'+d_2');\min(\mu_{\tilde{a}_1},\mu_{\tilde{a}_2}),\max(v_{\tilde{a}_1},v_{\tilde{a}_2})\rangle$

$\lambda\widetilde{a_1}=\langle(\lambda a_1,\lambda b_1,\lambda c_1,\lambda d_1),(\lambda a_1',\lambda b_1,\lambda c_1,\lambda d_1');\mu_{\tilde{a}_1},v_{\tilde{a}_1}\rangle\lambda>0$

$\lambda\widetilde{a_1}=\langle(\lambda a_1,\lambda c_1,\lambda b_1,\lambda d_1),(\lambda a_1',\lambda c_1,\lambda b_1,\lambda d_1');\mu_{\tilde{a}_1},v_{\tilde{a}_1}\rangle\lambda<0$

$\widetilde{a_1}\widetilde{a_2}=\langle(a_1a_2,b_1b_2,c_1c_2,d_1d_2),(a_1'a_2',b_1b_2,c_1c_2,d_1'd_2');\min(\mu_{\tilde{a}_1},\mu_{\tilde{a}_2}),\max(v_{\tilde{a}_1},v_{\tilde{a}_2})\rangle$

定义 4：设 $\widetilde{a_1}=\langle(a_1,b_1,c_1,d_1),(a_1',b_1,c_1,d_1');$ $\mu_{\tilde{a}_1},v_{\tilde{a}_1}\rangle$ 和 $\widetilde{a_2}=\langle(a_2,b_2,c_2,d_2),(a_2',b_2,c_2,d_2');$

47

$\mu_{\widetilde{a}_2}$，$v_{\widetilde{a}_2}$〉为两个梯形直觉模糊数，那么 $\widetilde{a_1}$ 和 $\widetilde{a_2}$ 之间的 hamming 距离定义为

$$
\begin{aligned}
d_H(\widetilde{a_1},\widetilde{a_2}) = 1/8 \big[& |\mu_{\widetilde{a}_1}a_1 - \mu_{\widetilde{a}_2}a_2| + |\mu_{\widetilde{a}_1}b_1 - \mu_{\widetilde{a}_2}b_2| \\
& + |\mu_{\widetilde{a}_1}c_1 - \mu_{\widetilde{a}_2}c_2| + |\mu_{\widetilde{a}_1}d_1 - \mu_{\widetilde{a}_2}d_2| \\
& + |(1-v_{\widetilde{a}_1})a_1' - (1-v_{\widetilde{a}_2})a_2'| + |(1-v_{\widetilde{a}_1})b_1 \\
& - (1-v_{\widetilde{a}_2})b_2| + |(1-v_{\widetilde{a}_1})c_1 - (1-v_{\widetilde{a}_2})c_2| \\
& + |(1-v_{\widetilde{a}_1})d_1' - (1-v_{\widetilde{a}_2})d_2'| \big]
\end{aligned} \tag{3-1}
$$

定义 5：设 $\widetilde{a} = \langle (a,\ b,\ c,\ d),\ (a',\ b,\ c,\ d');\ \mu_{\widetilde{a}}$，$v_{\widetilde{a}}$〉为一个梯形直觉模糊数，解模糊化计算公式为

$$
D(\widetilde{a}) = \frac{1}{12} \big[(a+b+c+d)\mu_{\widetilde{a}} + (a'+b+c+d')(1-v_{\widetilde{a}}) \big]
$$

$$\tag{3-2}$$

3.3.1.2 累积前景理论

在现实情景中，由于决策者的工作经验和知识结构的不同，除了决策信息的模糊性，往往还具有一定的风险偏好和心理行为特征。因此，Kahneman 和 Tversky 提出了累积前景理论来考虑决策者的主观偏好，避免主观判断对决策结果的影响。累积前景理论前景价值 V 是由价值函数 $v(x)$ 和权重函数 π 决定，即

$$
V(x) = \sum_{i=1}^{n} \pi(\omega_i)v(x_i) \tag{3-3}
$$

价值函数表示风险偏好，价值函数曲线如图 3-4 所示。定义为

$$
v(x) = \begin{cases} x^\alpha & x \geq 0 \\ -\lambda(-x)^\beta & x < 0 \end{cases} \tag{3-4}
$$

式中 $x \geq 0$ 和 $x < 0$——分别代表收益和损失；

$\quad\quad\quad\alpha$ 和 β——分别代表价值曲线凹凸程度，根据 Kahneman 和 Tversky 的研究，参数取值为 $\alpha = \beta = 0.88$，$\theta = 2.55$；

$\quad\quad\quad\lambda$——风险偏好因子，$\lambda > 1$ 表示损失厌恶。

权重函数的表达式为

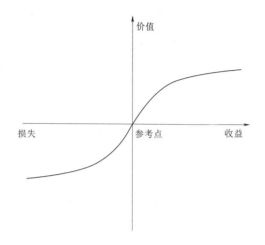

图 3 - 4　价值函数曲线

$$\pi(\omega_j)=\begin{cases}\pi^+(\omega_j)=\dfrac{\omega_j^{\gamma^+}}{\left[\omega_j^{\gamma^+}+(1-\omega_j)^{\gamma^+}\right]^{\frac{1}{\gamma^+}}} & x\geqslant0\\[4mm]\pi^-(\omega_j)=\dfrac{\omega_j^{\gamma^-}}{\left[\omega_j^{\gamma^-}+(1-\omega_j)^{\gamma^-}\right]^{\frac{1}{\gamma^-}}} & x<0\end{cases}\qquad(3-5)$$

其中，参数取值为$\gamma^+=0.61$，$\gamma^-=0.69$。

3.3.1.3　多目标粒子群算法

粒子群优化（particle swarm optimization，PSO）算法是在 1995 年由 Kennedy 和 Eberhart 根据对鸟类社会行为的研究而提出的。该算法中每个粒子都有自己的速度和位置，在迭代过程中根据式（3-6）和式（3-7）进行更新。在每次迭代中，为了最终获得全局最优，确定粒子的局部最优解和全局最优解非常重要。

$$V_i(t)=\omega V_i(t-1)+c_1r_1\left[pbest_i(t-1)-p_i(t-1)\right]$$
$$+c_2r_2\left[gbest_i(t-1)-p_i(t-1)\right]\qquad(3-6)$$
$$p_i(t)=p_i(t-1)+V_i(t)\qquad(3-7)$$

式中 c_1、c_2——学习因子；

$\quad\quad r_1$、r_2——[0，1]之间的实数；

$pbest_i$、$gbest_i$——局部和全局最优解；

$\quad\quad\omega$——惯性权重，可以根据式（3-8）进行计算。

$$\omega = \omega_{\max} - (\omega_{\max} - \omega_{\min}) \times \frac{t}{t_{\max}} \quad\quad (3-8)$$

其中，$\omega_{\max}$和$\omega_{\min}$分别为惯性权重的最大值和最小值；t 为当前迭代次数；$t_{\max}$为最大迭代次数。ω 随着迭代次数的增加，逐渐减小。

在多目标优化问题中，种群中并不存在唯一最优解，而是存在多个非支配解集。因此，利用相邻粒子之间的拥挤距离对非支配解进行同级别内排序，拥挤距离的计算公式为

$$CD_i = \frac{|f_1(x_{i+1}) - f_1(x_{i-1})|}{f_1^{\max} - f_1^{\min}} + \frac{|f_2(x_{i+1}) - f_2(x_{i-1})|}{f_2^{\max} - f_2^{\min}}$$

$$+ \frac{|f_3(x_{i+1}) - f_3(x_{i-1})|}{f_3^{\max} - f_3^{\min}} \quad\quad (3-9)$$

式中 CD_i——第 i 个粒子的拥挤距离；

$\quad\quad x_i$——第 i 个粒子；

$\quad\quad f_i$——第 i 个目标函数；

$f_i^{\max}$、$f_i^{\min}$——第 i 个目标函数的最大值与最小值。

在同一支配等级的粒子选择过程中，拥挤距离越大，被选择的机会越大。这样，即使非支配解集中有多个粒子，也可以确定全局最优解。

多目标粒子群优化方法的计算步骤如图 3-5 所示。

3.3.2 价值链价值实现能力分析模型框架

在光伏-储能-充电站价值链价值实现能力分析模型中，首先基于累积前景理论得到的不同项目或方案在不同价值目标上的价

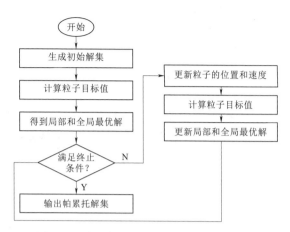

图 3-5 多目标粒子群优化方法的计算步骤

值实现能力的得分和总体得分，其中，梯形直觉模糊数用来处理分析评价过程中的模糊信息。然后在此基础上，建立考虑经济、社会和环境目标的多目标整数规划模型，确定了项目组合的分析结果。分析采用评价的方式展开，评价步骤主要包括三个阶段，价值链价值实现能力分析模型框架如图 3-6 所示。

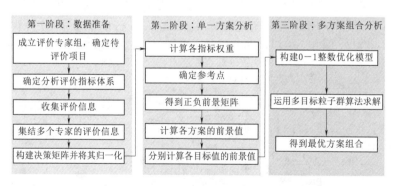

图 3-6 价值链价值实现能力分析模型框架

3.3.2.1 第一阶段：数据准备

第一步：成立评价专家组并确定待分析评价项目。由于在分析过程中存在定性指标，无法用数字表示，因此，需要成立评价专家组对其进行主观分析。为了保证分析的客观性，要求所有的专家都应该有五年以上的工作经验。同时，确定待分析的光伏-储能-充电站项目。

第二步：确定分析评价指标体系。根据经济、社会和环境目标，在 3.2 节中构建了方案的分析指标体系。其中，指标分为两种类型：①定量指标，可以用实数表示；②定性指标，包含更多的主观信息，可以用语言变量来衡量。

第三步：收集各方案在各指标下的分析值。在确定专家组成员、待分析方案和分析指标后，假设有 m 个备选方案 $A_i(i=1, \cdots, m)$，n 个指标 $C_j(j=1, \cdots, n)$ 和 p 个专家 $D_k(k=1, \cdots, p)$。待分析方案的定量标准评价值可以通过现场调研进行数据收集，用实数来表示，而定性指标的评价值则由专家使用语言变量（如很好、好、差等）来评估。然后，通过转换规则将这些语言变量转换为梯形直觉模糊数。

第四步：集结多个专家的评价信息。通过 TrIFN - WA 算子对不同专家的评价信息进行整合，得到定性指标的群体评价值。假设有 n' 个定性指标，对应的专家评价值为 $\tilde{r}_{ij}^k = \langle a_{ij}^k, b_{ij}^k, c_{ij}^k, d_{ij}^k \rangle, (a_{ij}'^k, b_{ij}^k, c_{ij}^k, d_{ij}'^k); \mu_{\tilde{r}_{ij}^k}, v_{\tilde{r}_{ij}^k} \rangle (i=1, \cdots, m, j=1, \cdots, n', k=1, \cdots, p)$，则 TrIFN - WA 算子的定义为

$$TrINF - WA(\tilde{r}_{ij}^1, \tilde{r}_{ij}^2, \cdots, \tilde{r}_{ij}^p) = \sum_{k=1}^{p} \lambda_k \tilde{r}_{ij}^k$$

$$= \langle (\sum_{k=1}^{p} \lambda_k a_{ij}^k, \sum_{k=1}^{p} \lambda_k b_{ij}^k, \sum_{k=1}^{p} \lambda_k c_{ij}^k, \sum_{k=1}^{p} \lambda_k a_{ij}^k),$$

$$(\sum_{k=1}^{p} \lambda_k a_{ij}'^k, \sum_{k=1}^{p} \lambda_k b_{ij}^k, \sum_{k=1}^{p} \lambda_k c_{ij}^k, \sum_{k=1}^{p} \lambda_k d_{ij}'^k); \min \mu_{\tilde{r}_{ij}^k}, \max v_{\tilde{r}_{ij}^k} \rangle$$

$$(3-10)$$

式中 λ_k ——第 k 个专家的权重，本章中假设所有专家具有相同的权重。

第五步：构建分析矩阵并归一化。为了保持后续计算的一致

性，需要将实数表示的定量指标分析值转换为梯形直觉模糊数。例如，5 可以转换为 $\langle[5,5,5,5];1,0\rangle$。根据获取的所有指标分析值，构建决策矩阵，表示为 $H=(\tilde{h}_{ij})_{m\times n}$，其中 $\tilde{h}_{ij}=\langle(h_{ij}^1,h_{ij}^2,h_{ij}^3,h_{ij}^4),(h_{ij}^{1'},h_{ij}^2,h_{ij}^3,h_{ij}^{4'});\mu_{\tilde{h}ij},\upsilon_{\tilde{h}ij}\rangle$。

将决策矩阵归一化，归一化后的矩阵可以表示为 $X=(\tilde{x}_{ij})_{m\times n}$，其中 $\tilde{x}_{ij}=\langle(x_{ij}^1,x_{ij}^2,x_{ij}^3,x_{ij}^4),(x_{ij}^{1'},x_{ij}^2,x_{ij}^3,x_{ij}^{4'});\mu_{\tilde{x}ij},\upsilon_{\tilde{x}ij}\rangle$。分别将分析指标分为效益性指标$C_b$和成本型指标$C_c$，效益型指标归一化公式分别为

$$x_{ij}^t=\frac{h_{ij}^t-\min\limits_i\{h_{ij}^1,h_{ij}^{1'}\}}{\max\limits_i\{h_{ij}^4,h_{ij}^{4'}\}-\min\limits_i\{h_{ij}^1,h_{ij}^{1'}\}}\quad t=1,2,3,4.\ c_j\in C_b$$

$$(3-11)$$

$$x_{ij}^{t'}=\frac{h_{ij}^{t'}-\min\limits_i\{h_{ij}^1,h_{ij}^{1'}\}}{\max\limits_i\{h_{ij}^4,h_{ij}^{4'}\}-\min\limits_i\{h_{ij}^1,h_{ij}^{1'}\}}\quad t=1,2,3,4.\ c_j\in C_b$$

$$(3-12)$$

成本型指标归一化公式分别为

$$x_{ij}^t=\frac{\max\limits_i\{h_{ij}^4,h_{ij}^{4'}\}-h_{ij}^{5-t}}{\max\limits_i\{h_{ij}^4,h_{ij}^{4'}\}-\min\limits_i\{h_{ij}^1,h_{ij}^{1'}\}}\quad t=1,2,3,4.\ c_j\in C_c$$

$$(3-13)$$

$$x_{ij}^{t'}=\frac{\max\limits_i\{h_{ij}^4,h_{ij}^{4'}\}-h_{ij}^{5-t'}}{\max\limits_i\{h_{ij}^4,h_{ij}^{4'}\}-\min\limits_i\{h_{ij}^1,h_{ij}^{1'}\}}\quad t=1,2,3,4.\ c_j\in C_c$$

$$(3-14)$$

其中，$x_{ij}^2=x_{ij}^{2'}$，且$x_{ij}^3=x_{ij}^{3'}$。

3.3.2.2　第二阶段：单一方案分析

第一步：确定指标权重。本章运用熵权法求解指标权重，能够客观地衡量指标的重要性。首先，运用公式（3-2）将各方案归一化后的指标分析值解模糊化，得到解模糊化后的值 $G=$

$\{g_{ij}\}_{m\times n}$，进而根据公式（3-15）计算各指标分析值的熵。

$$h_j = -K \sum_{i=1}^{m} t_{ij} \ln t_{ij} \qquad (3-15)$$

其中，$K = 1/\ln m$，$t_{ij} = g_{ij} / \sum_{i=1}^{m} g_{ij}$ 。

最终，指标的权重可以根据公式（3-16）计算得出。

$$\omega_j = \frac{1-h_j}{\sum_{j=1}^{n}(1-h_j)} \quad j=1,\cdots,n \qquad (3-16)$$

第二步：确定参考点。参考点在累积前景理论中非常重要，它能够反映决策者对风险的态度。在本章中，基于 TOPSIS 方法的概念，分别将正理想解和负理想解作为参考点。其中，正理想解 $S^+ = \{\tilde{b}_1^+,\ \tilde{b}_2^+,\ \cdots,\ \tilde{b}_n^+\}$ 和负理想解 $S^- = \{\tilde{b}_1^-,\ \tilde{b}_2^-,\ \cdots,\ \tilde{b}_n^-\}$ 分别为

$$\tilde{b}_j^+ = \langle (\max_i x_{ij}^1, \max_i x_{ij}^2, \max_i x_{ij}^3, \max_i x_{ij}^4), (\max_i x_{ij}^{1\prime}, \max_i x_{ij}^2, \max_i x_{ij}^3, \max_i x_{ij}^{4\prime});$$
$$\max_i \mu_{\tilde{x}_{ij}}, \min_i v_{\tilde{x}_{ij}} \rangle \qquad (3-17)$$

$$\tilde{b}_j^- = \langle (\min_i x_{ij}^1, \min_i x_{ij}^2, \min_i x_{ij}^3, \min_i x_{ij}^4), (\min_i x_{ij}^{1\prime}, \min_i x_{ij}^2, \min_i x_{ij}^3, \min_i x_{ij}^{4\prime});$$
$$\min_i \mu_{\tilde{x}_{ij}}, \max_i v_{\tilde{x}_{ij}} \rangle \qquad (3-18)$$

第三步：确定正负前景矩阵。根据不同的参考点，可以得到不同的价值函数，计算公式为

$$v(\tilde{x}_{ij}) = \begin{cases} [d(\tilde{x}_{ij}, \tilde{b}_j^-)]^\alpha & S^- \text{为参考点} \\ -\theta [d(\tilde{x}_{ij}, \tilde{b}_j^+)]^\beta & S^+ \text{为参考点} \end{cases} \qquad (3-19)$$

当 S^- 为参考点时，决策者面临收益，根据公式（3-19）可以得到正的前景矩阵；相反，参考点 S^+ 表示决策者倾向于规避风险，此时可以计算出负的前景矩阵。

第四步：计算每个待分析方案的前景值。根据指标权重和前景矩阵，根据公式（3-20）可得到各方案的综合前景值。

$$V_i = \sum_{j=1}^{n} \pi^+(\omega_j) v^+(\tilde{x}_{ij}) + \sum_{j=1}^{n} \pi^-(\omega_j) v^-(\tilde{x}_{ij}) \qquad (3-20)$$

根据方案的前景值可以判断各方案价值创造能力的优劣，从总体上看，前景值较高的方案在总体目标上表现更好。然而，在实际情况中，分析往往会有不同的目的，例如，投资参考等，因此可能会考虑各种目标，并选择多个方案。

第五步：计算各方案在各目标上的前景值。根据公式（3-21）计算各待分析方案在经济、社会和环境目标方面的前景价值。

$$V_i^t = \sum_{j=1}^{n_t} \pi^+(\omega_j)\, v^+(\widetilde{x}_{ij}) + \sum_{j=1}^{n_t} \pi^-(\omega_j)\, v^-(\widetilde{x}_{ij}) \quad t = 1,2,3$$

$$(3-21)$$

其中，V_i^1、V_i^2和V_i^3分别表示各方案在经济、社会和环境目标上的前景值；n_1、n_2和n_3分别表示经济价值、社会价值和环境价值指标集。

3.3.2.3　第三阶段：多方案组合分析

第一步：构建整数规划模型。分别用 0 和 1 表示方案是否被选择，为了得到最优的方案组合，构建 0-1 整数规划模型，即

$$f_t = \max \left\{ \sum_{i=1}^{m} x_i\, V_i^t \right\} \quad t = 1,2,3$$

$$\text{s.t.} \begin{cases} \sum_{i=1}^{m} x_i\, C_i \leqslant C \\ x_i = \begin{cases} 1 & \text{若方案被选择} \\ 0 & \text{若方案未被选择} \end{cases} \end{cases} \qquad (3-22)$$

式中　f_t——第 t 个目标（$t=1$，2，3）；

　　　C_i——第 i 个方案的总成本；

　　　C——成本约束。

第二步：运用多目标粒子群算法求解模型。运用多目标粒子群方法求解上述优化模型，得到最优的方案组合。根据多目标粒子群方法的特点设定算法参数见表 3-1。

表 3-1　　　　　　　　　　多目标粒子群算法参数

参数	值	参数	值
种群大小	100	ω_{max}	0.8
迭代次数	100	ω_{min}	0.4
c_1	2.5	变异率	0.3
c_2	2.5		

3.4　算例分析

3.4.1　问题描述

　　某能源投资公司计划投资建造一批电动汽车充电站，并运用光伏和储能系统进行供电。经过实地调查，专家组和负责人共同确定了 10 个具有可行性的项目方案，并计划根据其价值实现能力分析结果从中选取最佳的投资方案组合。

　　在这种情况下，项目组确定了三位具有长期工作经验的评价专家，在后续分析中运用专业知识和工作经验对项目进行评价。专家组专家资料见表 3-2。

表 3-2　　　　　　　　　　专家组专家资料

序号	性别	职　　业	年龄/岁	工作年限/年
D_1	男	能源管理专业大学教授	48	18
D_2	女	能源公司项目经理	40	17
D_3	男	国家电网部门主任	48	25

3.4.2　模型结果及分析

　　在本章构建的分析指标体系中，成本型指标包括 C_{11}、C_{12}、C_{14}、C_{33}、C_{34}，其他均为效益型指标。此外，C_{11}、C_{12}、C_{13}、C_{14} 和 C_{32} 是根据现场数据收集或专家预测的定量指标，其他为定性标准，需要专家根据表3-3中的语言变量进行描述。并根据表3-3中提出的转换规则，将定性指标的评价转换为梯形直觉模糊数。

在数据收集后，可以得到每个指标的值，见表3-4。

将语言变量和实数都转化为梯形直觉模糊数，并运用 TrIFN-WA 算子集结三个专家的评价意见，根据式（3-11）～式（3-14），得到归一化后的决策矩阵，见表3-5。

表3-3　　　语言变量和梯形直觉模糊数之间转换规则

语言变量	梯形直觉模糊数
很低（VL）	$\langle(0.05, 0.10, 0.15, 0.17),\ (0.00, 0.10, 0.15, 0.20);\ 0.10, 0.90\rangle$
低（L）	$\langle(0.15, 0.20, 0.25, 0.30),\ (0.10, 0.20, 0.25, 0.35);\ 0.20, 0.75\rangle$
较低（ML）	$\langle(0.30, 0.35, 0.40, 0.45),\ (0.25, 0.35, 0.40, 0.50);\ 0.35, 0.60\rangle$
中等（M）	$\langle(0.45, 0.50, 0.55, 0.57),\ (0.40, 0.50, 0.55, 0.60);\ 0.50, 0.50\rangle$
较高（MH）	$\langle(0.59, 0.60, 0.70, 0.74),\ (0.58, 0.60, 0.70, 0.75);\ 0.65, 0.25\rangle$
高（H）	$\langle(0.77, 0.80, 0.85, 0.87),\ (0.75, 0.80, 0.85, 0.90);\ 0.80, 0.15\rangle$
很高（VH）	$\langle(0.87, 0.90, 0.95, 0.97),\ (0.85, 0.90, 0.95, 1.00);\ 0.95, 0.05\rangle$

表3-4　　　　　　　　　　各指标评价值

指标	单位	专家	P1	P2	P3	P4	P5	P6	P7	P8	P9	P10
C_{11}	10^5 USD		7.05	9.30	5.54	10.42	7.30	14.24	9.21	8.04	7.26	9.40
C_{12}	10^4 USD		9.30	11.42	6.50	8.72	8.40	13.43	10.20	7.20	9.35	10.30
C_{13}	10^5 USD		5.20	4.36	2.30	4.70	4.20	7.25	4.60	3.85	3.70	4.93
C_{14}	年		5.82	8.68	9.47	6.86	6.74	6.60	7.55	6.76	8.28	7.13
C_{21}		D_1	M	M	H	H	H	MH	H	H	MH	VH
		D_2	MH	M	MH	VH	H	H	H	MH	M	MH
		D_3	M	ML	H	H	H	MH	MH	H	M	VH

57

指标	单位	专家	P1	P2	P3	P4	P5	P6	P7	P8	P9	P10
C_{22}		D_1	ML	MH	MH	MH	M	MH	H	M	H	VH
		D_2	M	H	MH	M	H	M	H	VH	H	MH
		D_3	ML	M	MH	H	H	M	H	VH	H	VH
C_{23}		D_1	MH	M	M	MH	VH	VH	MH	MH	MH	MH
		D_2	M	M	VH	VH	H	MH	VH	VH	H	M
		D_3	H	MH	M	MH	VH	M	H	H	VH	MH
C_{24}		D_1	VH	MH	H	VH	M	MH	H	VH	MH	M
		D_2	H	M	MH	MH	M	M	M	M	MH	MH
		D_3	MH	VH	H	MH	ML	MH	H	M	MH	M
C_{25}		D_1	ML	MH	MH	H	M	M	M	M	H	M
		D_2	M	H	H	H	ML	MH	ML	MH	MH	VH
		D_3	M	H	MH	H	L	H	M	H	VH	MH
C_{26}		D_1	M	H	ML	M	M	ML	ML	MH	H	MH
		D_2	ML	MH	L	H	ML	M	M	VH	ML	M
		D_3	M	MH	M	H	M	ML	MH	VH	L	VH
C_{31}		D_1	MH	H	H	ML	H	MH	H	ML	H	M
		D_2	H	MH	H	M	VH	M	M	M	M	MH
		D_3	VH	MH	MH	ML	VH	MH	MH	L	M	MH
C_{32}	t		350	382	264	425	367	720	415	373	365	403
C_{33}		D_1	L	M	M	MH	L	ML	L	L	M	ML
		D_2	VL	ML	M	L	M	ML	ML	M	L	VL
		D_3	L	ML	ML	ML	VL	L	ML	M	ML	VL
C_{34}		D_1	VL	VL	ML	ML	M	L	ML	VL	L	M
		D_2	M	L	ML	M	ML	L	L	L	ML	H
		D_3	ML	VL	VL	L	ML	ML	L	L	VL	M

表 3 - 5　归一化决策矩阵

指标	P1	P2	P3	P4	P5
C_{11}	⟨(0.83, 0.83, 0.83), (0.83, 0.83, 0.83, 0.83);1.0⟩	⟨(0.57, 0.57, 0.57), (0.57, 0.57, 0.57, 0.57);1.0⟩	⟨(1, 1, 1, 1), (1, 1, 1, 1);1.0⟩	⟨(0.44, 0.44, 0.44), (0.44), (0.44, 0.44, 0.44, 0.44);1.0⟩	⟨(0.8, 0.8, 0.8, 0.8), (0.8, 0.8, 0.8, 0.8);1.0⟩
C_{12}	⟨(0.6, 0.6, 0.6, 0.6), (0.6, 0.6, 0.6, 0.6);1.0⟩	⟨(0.29, 0.29, 0.29), (0.29), (0.29, 0.29, 0.29);1.0⟩	⟨(1, 1, 1, 1), (1, 1, 1, 1);1.0⟩	⟨(0.68, 0.68, 0.68), (0.68), (0.68, 0.68, 0.68);1.0⟩	⟨(0.73, 0.73, 0.73), (0.73, 0.73, 0.73);1.0⟩
C_{13}	⟨(0.59, 0.59, 0.59), (0.59, 0.59, 0.59);1.0⟩	⟨(0.42, 0.42, 0.42), (0.42), (0.42, 0.42, 0.42);1.0⟩	⟨(0, 0, 0, 0), (0, 0, 0, 0);1.0⟩	⟨(0.48, 0.48, 0.48), (0.48), (0.48, 0.48, 0.48);1.0⟩	⟨(0.38, 0.38, 0.38), (0.38), (0.38, 0.38, 0.38);1.0⟩
C_{14}	⟨(1, 1, 1, 1), (1, 1, 1, 1);1.0⟩	⟨(0.22, 0.22, 0.22), (0.22), (0.22, 0.22, 0.22);1.0⟩	⟨(0, 0, 0, 0), (0, 0, 0, 0);1.0⟩	⟨(0.72, 0.72, 0.72), (0.72), (0.72, 0.72, 0.72);1.0⟩	⟨(0.75, 0.75, 0.75), (0.75), (0.75, 0.75, 0.75);1.0⟩
C_{21}	⟨(0.26, 0.32, 0.43, 0.48), (0.19, 0.32, 0.43, 0.52);0.5, 0.5⟩	⟨(0.09, 0.18, 0.26, 0.31), (0, 0.18, 0.26, 0.38);0.5, 0.5⟩	⟨(0.62, 0.66, 0.77, 0.82), (0.59, 0.66, 0.77, 0.86);0.5, 0.5⟩	⟨(0.78, 0.83, 0.91, 0.95), (0.74, 0.83, 0.91, 1);0.8, 0.15⟩	⟨(0.72, 0.77, 0.86, 0.89), (0.69, 0.77, 0.86, 0.94);0.8, 0.15⟩
C_{22}	⟨(0.09, 0.17, 0.25, 0.32), (0, 0.17, 0.25, 0.39);0.35, 0.6⟩	⟨(0.5, 0.55, 0.65, 0.7), (0.45, 0.55, 0.65, 0.73);0.35, 0.6⟩	⟨(0.48, 0.49, 0.65, 0.72), (0.46, 0.49, 0.65, 0.73);0.35, 0.6⟩	⟨(0.5, 0.55, 0.65, 0.7), (0.45, 0.55, 0.65, 0.73);0.5, 0.5⟩	⟨(0.59, 0.65, 0.73, 0.76), (0.55, 0.65, 0.73, 0.81);0.5, 0.5⟩

指标	P1	P2	P3	P4	P5
C_{23}	〈(0.28, 0.34, 0.47, 0.53), (0.23, 0.34, 0.47, 0.57); 0.5, 0.5〉	〈(0.07, 0.14, 0.28, 0.33), (0, 0.14, 0.28, 0.38); 0.5, 0.5〉	〈(0.26, 0.34, 0.44, 0.48), (0.18, 0.34, 0.44, 0.54); 0.5, 0.5〉	〈(0.44, 0.47, 0.64, 0.7), (0.41, 0.47, 0.64, 0.74); 0.65, 0.25〉	〈(0.74, 0.8, 0.9, 0.94), (0.7, 0.8, 0.9, 1); 0.8, 0.15〉
C_{24}	〈(0.74, 0.78, 0.91, 0.96), (0.71, 0.78, 0.91,1); 0.65, 0.25〉	〈(0.54, 0.6, 0.72, 0.77), (0.49, 0.6, 0.72, 0.81); 0.25〉	〈(0.68, 0.72, 0.84, 0.89), (0.65, 0.72, 0.84, 0.94); 0.25〉	〈(0.63, 0.66, 0.81, 0.88), (0.6, 0.66, 0.81, 0.91); 0.25〉	〈(0.1, 0.19, 0.29, 0.34), (0, 0.19, 0.29, 0.41); 0.35, 0.6〉
C_{25}	〈(0.25, 0.34, 0.42, 0.47), (0.17, 0.34, 0.42, 0.53); 0.35, 0.6〉	〈(0.77, 0.81, 0.92, 0.96), (0.74, 0.81, 0.92,1); 0.35, 0.6〉	〈(0.67, 0.7, 0.83, 0.89), (0.65, 0.7, 0.83, 0.92); 0.35, 0.6〉	〈(0.77, 0.81, 0.92, 0.96), (0.74, 0.81, 0.92,1); 0.65, 0.25〉	〈(0.09, 0.17, 0.25, 0.32), (0, 0.17, 0.25, 0.39); 0.2, 0.75〉
C_{26}	〈(0.23, 0.3, 0.38, 0.42), (0.15, 0.3, 0.38, 0.48); 0.35, 0.6〉	〈(0.6, 0.63, 0.75, 0.8), (0.58, 0.63, 0.75, 0.83); 0.35, 0.6〉	〈(0.08, 0.15, 0.23, 0.29), (0, 0.15, 0.23, 0.35); 0.35, 0.6〉	〈(0.46, 0.53, 0.6, 0.63), (0.4, 0.53, 0.6, 0.68); 0.5, 0.5〉	〈(0.23, 0.3, 0.38, 0.42), (0.15, 0.3, 0.38, 0.48); 0.35, 0.6〉
C_{31}	〈(0.69, 0.72, 0.81, 0.85), (0.67, 0.72, 0.81, 0.88); 0.65, 0.25〉	〈(0.56, 0.58, 0.7, 0.75), (0.54, 0.58, 0.7, 0.77); 0.65, 0.25〉	〈(0.64, 0.68, 0.77, 0.81), (0.62, 0.68, 0.77, 0.84); 0.25〉	〈(0.14, 0.21, 0.28, 0.34), (0.06, 0.21, 0.28, 0.4); 0.35, 0.6〉	〈(0.82, 0.86, 0.93, 0.96), (0.79, 0.86, 0.93,1); 0.8, 0.15〉

续表

指标	P1	P2	P3	P4	P5
C_{32}	⟨(0.19, 0.19, 0.19, 0.19), (0.19, 0.19, 0.19, 0.19);1,0⟩	⟨(0.26, 0.26, 0.26, 0.26), (0.26, 0.26, 0.26, 0.26);1,0⟩	⟨(0,0,0,0), (0,0,0,0);1,0⟩	⟨(0.35, 0.35, 0.35, 0.35), (0.35, 0.35, 0.35, 0.35);1,0⟩	⟨(0.23, 0.23, 0.23, 0.23), (0.23, 0.23, 0.23, 0.23);1,0⟩
C_{33}	⟨(0.62, 0.7, 0.8, 0.9), (0.53, 0.7, 0.8, 1);0.1,0.9⟩	⟨(0.15, 0.23, 0.33, 0.43), (0.07, 0.23, 0.33, 0.55);0.1,0.9⟩	⟨(0.07, 0.13, 0.23, 0.33), (0, 0.13, 0.23, 0.44);0.1,0.9⟩	⟨(0.14, 0.23, 0.37, 0.44), (0, 0.07, 0.23, 0.37, 0.52);0.2,0.75⟩	⟨(0.44, 0.5, 0.6, 0.7), (0.37, 0.5, 0.6, 0.8);0.1,0.9⟩
C_{34}	⟨(0.46, 0.5, 0.58, 0.65), (0.4, 0.5, 0.58, 0.73);0.1,0.9⟩	⟨(0.73, 0.78, 0.85, 0.93), (0.68, 0.78, 0.85,1);0.1,0.9⟩	⟨(0.52, 0.58, 0.65, 0.73), (0.45, 0.58, 0.65, 0.81);0.1,0.9⟩	⟨(0.39, 0.45, 0.53, 0.6), (0.33, 0.45, 0.53, 0.68);0.2,0.75⟩	⟨(0.32, 0.38, 0.45, 0.53), (0.25, 0.38, 0.45, 0.61);0.35,0.6⟩

指标	P6	P7	P8	P9	P10
C_{11}	⟨(0,0,0,0), (0,0,0,0);1,0⟩	⟨(0.58, 0.58, 0.58, 0.58), (0.58, 0.58, 0.58, 0.58);1,0⟩	⟨(0.71, 0.71, 0.71, 0.71), (0.71, 0.71, 0.71, 0.71);1,0⟩	⟨(0.8,0.8,0.8,0.8), (0.8,0.8,0.8,0.8);1,0⟩	⟨(0.56, 0.56, 0.56, 0.56), (0.56, 0.56, 0.56, 0.56);1,0⟩
C_{12}	⟨(0,0,0,0), (0,0,0,0);1,0⟩	⟨(0.47, 0.47, 0.47, 0.47), (0.47, 0.47, 0.47, 0.47);1,0⟩	⟨(0.9,0.9,0.9,0.9), (0.9,0.9,0.9,0.9);1,0⟩	⟨(0.59, 0.59, 0.59, 0.59), (0.59, 0.59, 0.59, 0.59);1,0⟩	⟨(0.45, 0.45, 0.45, 0.45), (0.45, 0.45, 0.45, 0.45);1,0⟩

续表

指标	P6	P7	P8	P9	P10
C_{13}	⟨(1,1,1,1),(1,1,1,1);1,0⟩	⟨(0.46, 0.46, 0.46, 0.46),(0.46, 0.46, 0.46, 0.46);1,0⟩	⟨(0.31, 0.31, 0.31, 0.31),(0.31, 0.31, 0.31, 0.31);1,0⟩	⟨(0.28, 0.28, 0.28, 0.28),(0.28, 0.28, 0.28, 0.28);1,0⟩	⟨(0.53, 0.53, 0.53, 0.53),(0.53, 0.53, 0.53, 0.53);1,0⟩
C_{14}	⟨(0.79, 0.79, 0.79, 0.79),(0.79, 0.79, 0.79, 0.79);1,0⟩	⟨(0.53, 0.53, 0.53, 0.53),(0.53, 0.53, 0.53, 0.53);1,0⟩	⟨(0.74, 0.74, 0.74, 0.74),(0.74, 0.74, 0.74, 0.74);1,0⟩	⟨(0.33, 0.33, 0.33, 0.33),(0.33, 0.33, 0.33, 0.33);1,0⟩	⟨(0.64, 0.64, 0.64, 0.64),(0.64, 0.64, 0.64, 0.64);1,0⟩
C_{21}	⟨(0.52, 0.55, 0.69, 0.74),(0.49, 0.55, 0.69, 0.77);0.25⟩	⟨(0.62, 0.66, 0.77, 0.82),(0.59, 0.66, 0.77, 0.86);0.25⟩	⟨(0.62, 0.66, 0.77, 0.82),(0.59, 0.66, 0.77, 0.86);0.25⟩	⟨(0.26, 0.32, 0.43, 0.48),(0.19, 0.32, 0.43, 0.52);0.5,0.5⟩	⟨(0.73, 0.77, 0.89, 0.93),(0.7, 0.77, 0.89, 0.97);0.65,0.25⟩
C_{22}	⟨(0.33, 0.39, 0.49, 0.53),(0.27, 0.39, 0.49, 0.57);0.5,0.5⟩	⟨(0.76, 0.81, 0.89, 0.93),(0.73, 0.81, 0.89, 0.97);0.8,0.15⟩	⟨(0.7, 0.76, 0.84, 0.87),(0.65, 0.76, 0.84, 0.92);0.5,0.5⟩	⟨(0.76, 0.81, 0.89, 0.93),(0.73, 0.81, 0.89, 0.97);0.8,0.15⟩	⟨(0.78, 0.81, 0.92, 0.96),(0.75, 0.81, 0.92, 1);0.65,0.25⟩
C_{23}	⟨(0.35, 0.41, 0.54, 0.59),(0.3, 0.41, 0.54, 0.64);0.5,0.5⟩	⟨(0.56, 0.61, 0.74, 0.79),(0.53, 0.61, 0.74, 0.84);0.25⟩	⟨(0.56, 0.61, 0.74, 0.79),(0.53, 0.61, 0.74, 0.84);0.25⟩	⟨(0.56, 0.61, 0.74, 0.79),(0.53, 0.61, 0.74, 0.84);0.25⟩	⟨(0.16, 0.21, 0.38, 0.44),(0.12, 0.21, 0.38, 0.47);0.5,0.5⟩
C_{24}	⟨(0.45, 0.47, 0.66, 0.73),(0.43, 0.47, 0.66, 0.75);0.25⟩	⟨(0.57, 0.6, 0.75, 0.81),(0.54, 0.6, 0.75, 0.84);0.25⟩	⟨(0.65, 0.72, 0.81, 0.85),(0.6, 0.72, 0.81, 0.91);0.5,0.5⟩	⟨(0.45, 0.47, 0.66, 0.73),(0.43, 0.47, 0.66, 0.75);0.25⟩	⟨(0.28, 0.35, 0.47, 0.52),(0.21, 0.35, 0.47, 0.57);0.5,0.5⟩

续表

指标	P6	P7	P8	P9	P10
C_{25}	〈（0.59，0.64，0.75，0.8），（0.55，0.64，0.75，0.83）；0.5，0.5〉	〈（0.25，0.34，0.42，0.47），（0.17，0.34，0.42，0.53）；0.35，0.6〉	〈（0.77，0.81，0.92，0.96），（0.74，0.81，0.92，1）；0.65，0.25〉	〈（0.65，0.7，0.81，0.85），（0.6，0.7，0.81，0.89）；0.5，0.5〉	〈（0.65，0.7，0.81，0.85），（0.6，0.7，0.81，0.89）；0.5，0.5〉
C_{26}	〈（0.15，0.23，0.3，0.36），（0.07，0.23，0.3，0.43）；0.35，0.6〉	〈（0.3，0.35，0.45，0.51），（0.24，0.35，0.45，0.55）；0.35，0.6〉	〈（0.79，0.83，0.93，0.97），（0.77，0.83，0.93，1）；0.65，0.25〉	〈（0.24，0.3，0.38，0.44），（0，0.17，0.3，0.38）；0.2，0.75〉	〈（0.58，0.63，0.73，0.77），（0.54，0.63，0.73，0.8）；0.5，0.5〉
C_{31}	〈（0.41，0.44，0.56，0.61），（0.38，0.44，0.56，0.63）；0.5，0.5〉	〈（0.5，0.54，0.63，0.67），（0.46，0.54，0.63，0.7）；0.5，0.5〉	〈（0.07，0.14，0.21，0.27），（0，0.14，0.21，0.33）；0.2，0.75〉	〈（0.43，0.49，0.56，0.59），（0.38，0.49，0.56，0.63）；0.5，0.5〉	〈（0.41，0.44，0.56，0.61），（0.38，0.44，0.56，0.63）；0.5，0.5〉
C_{32}	〈（1，1，1，1），（1，1，1，1）；1，0〉	〈（0.33，0.33，0.33，0.33），（0.33，0.33，0.33，0.33）；1.0〉	〈（0.24，0.24，0.24，0.24），（0.24，0.24，0.24，0.24）；1.0〉	〈（0.22，0.22，0.22，0.22），（0.22，0.22，0.22，0.22）；1.0〉	〈（0.3，0.3，0.3，0.3），（0.3，0.3，0.3，0.3）；1.0〉
C_{33}	〈（0.33，0.43，0.53，0.63），（0.23，0.43，0.53，0.75）；0.2，0.75〉	〈（0.33，0.43，0.53，0.63），（0.23，0.43，0.53，0.75）；0.2，0.75〉	〈（0.17，0.23，0.33，0.43），（0.1，0.23，0.33，0.53）；0.2，0.75〉	〈（0.25，0.33，0.43，0.53），（0.17，0.33，0.43，0.64）；0.2，0.75〉	〈（0.61，0.67，0.77，0.87），（0.53，0.67，0.77，0.97）；0.1，0.9〉
C_{34}	〈（0.53，0.6，0.68，0.75），（0.45，0.6，0.68，0.83）；0.2，0.75〉	〈（0.53，0.6，0.68，0.75），（0.45，0.6，0.68，0.83）；0.2，0.75〉	〈（0.67，0.73，0.8，0.88），（0.6，0.73，0.8，0.95）；0.1，0.9〉	〈（0.59，0.65，0.73，0.8），（0.53，0.65，0.73，0.88）；0.1，0.9〉	〈（0.05，0.07，0.15，0.22），（0，0.07，0.15，0.28）；0.5，0.5〉

根据式（3-15）和式（3-16），计算 14 个分析指标的权重，见表 3-6。可以看出，指标温室气体排放减少量 C_{32} 的权重最高，表示其重要性最大。同时，可得三个目标的权重，分别为 0.30、0.43、0.27，说明社会价值目标比其他目标更重要。

表 3-6　　　　　　　各分析指标权重

指标	C_{11}	C_{12}	C_{13}	C_{14}	C_{21}	C_{22}	C_{23}	C_{24}	C_{25}	C_{26}	C_{31}	C_{32}	C_{33}	C_{34}
权重	0.06	0.08	0.08	0.08	0.06	0.06	0.07	0.04	0.08	0.12	0.09	0.13	0.02	0.03

根据式（3-17）~式（3-18），可以得到正负理想解。然后，计算各评价方案与正负理想解之间的距离。根据式（3-19）确定正负前景矩阵，见表 3-7 和表 3-8。

表 3-7　　　　　　　正 前 景 矩 阵

指标	P1	P2	P3	P4	P5	P6	P7	P8	P9	P10
C_{11}	0.85	0.61	1.00	0.48	0.82	0.00	0.62	0.74	0.82	0.60
C_{12}	0.63	0.34	1.00	0.71	0.75	0.00	0.51	0.91	0.63	0.50
C_{13}	0.62	0.46	0.00	0.53	0.43	1.00	0.51	0.36	0.33	0.57
C_{14}	1.00	0.26	0.00	0.75	0.78	0.81	0.57	0.77	0.37	0.68
C_{21}	0.11	0.00	0.45	0.65	0.61	0.38	0.45	0.45	0.11	0.52
C_{22}	0.00	0.19	0.38	0.27	0.31	0.18	0.66	0.37	0.66	0.57
C_{23}	0.13	0.00	0.12	0.34	0.64	0.17	0.42	0.42	0.42	0.07
C_{24}	0.55	0.42	0.51	0.48	0.00	0.37	0.44	0.34	0.37	0.15
C_{25}	0.12	0.32	0.54	0.60	0.00	0.35	0.12	0.60	0.38	0.38
C_{26}	0.11	0.26	0.00	0.28	0.11	0.08	0.14	0.61	0.05	0.34
C_{31}	0.54	0.46	0.51	0.07	0.73	0.26	0.30	0.00	0.26	0.26
C_{32}	0.23	0.30	0.00	0.40	0.27	1.00	0.38	0.28	0.27	0.35
C_{33}	0.08	0.02	0.00	0.07	0.05	0.12	0.12	0.07	0.09	0.08
C_{34}	0.06	0.10	0.07	0.13	0.18	0.17	0.17	0.09	0.08	0.07

表 3-8				负 前 景 矩 阵					
指标	P1	P2	P3	P4	P5	P6	P7	P8	P9	P10
C_{11}	−0.55	−1.22	0	−1.53	−0.62	−2.55	−1.19	−0.85	−0.61	−1.25
C_{12}	−1.15	−1.89	0	−0.94	−0.82	−2.55	−1.47	−0.34	−1.17	−1.50
C_{13}	−1.17	−1.59	−2.55	−1.42	−1.67	0	−1.47	−1.83	−1.90	−1.31
C_{14}	0	−2.06	−2.55	−0.84	−0.76	−0.65	−1.32	−0.77	−1.80	−1.03
C_{21}	−1.47	−1.66	−0.66	0	−0.17	−0.83	−0.66	−0.66	−1.47	−0.44
C_{22}	−1.72	−1.37	−0.90	−1.18	−1.07	−1.39	−0.06	−0.94	−0.06	−0.36
C_{23}	−1.38	−1.63	−1.42	−0.90		−1.30	−0.70	−0.70	−0.70	−1.51
C_{24}	0	−0.44	−0.16	−0.25	−1.41	−0.59	−0.38	−0.66	−0.59	−1.12
C_{25}	−1.31	−0.83	−0.23	0	−1.53	−0.77	−1.31	0	−0.70	−0.70
C_{26}	−1.36	−1.02	−1.56	−0.98	−1.36	−1.43	−1.30		−1.48	−0.82
C_{31}	−0.61	−0.84	−0.70	−1.74	0	−1.35	−1.26	−1.86	−1.34	−1.35
C_{32}	−2.12	−1.96	−2.55	−1.74	−2.04	0	−1.79	−2.01	−2.05	−1.85
C_{33}	−0.64	−0.77	−0.64	−0.67	−0.69	−0.55	−0.55	−0.66	−0.61	−0.65
C_{34}	−1.03	−0.96	−1.01	−0.88	−0.76	−0.80	−0.80	−0.97	−0.99	−1.01

根据式（3-20）～式（3-21）分别计算每个目标的前景值和最终的前景值。结果见表 3-9。

在经济目标方面，P1 的前景值最高，这意味着 P1 的经济价值最高。此外，P8 在社会目标上排序第一，而 P6 在环境目标上表现最好。从整体表现来看，P8 的前景值最高，为−0.76。10个待分析方案的排序是 P8＞P5＞P4＞P6＞P7＞P10＞P1＞P9＞P3＞P2。

在本案例中，项目投资人将预算设置为 300 万元，作为优化模型的约束条件。由于前景值大多为负值，因此在优化前应将其归一化。然后，运用多目标粒子群算法求解公式（3-22）中的优化模型。最后得到 13 个帕累托解，如图 3-7 和表 3-10所示。

表 3 - 9　　　　　　　　　　各 方 案 前 景 值

指标	P1	P2	P3	P4	P5	P6	P7	P8	P9	P10
O_1	0.09	−0.71	−0.46	−0.27	−0.12	−0.48	−0.43	−0.10	−0.46	−0.35
O_2	−0.89	−0.77	−0.45	−0.09	−0.52	−0.67	−0.33	0.09	−0.43	−0.35
O_3	−0.49	−0.50	−0.64	−0.62	−0.30	−0.04	−0.50	−0.75	−0.62	−0.58
总计	−1.29	−1.98	−1.55	−0.98	−0.94	−1.19	−1.26	−0.76	−1.51	−1.28

3.4.3　情景分析

通过情景分析，研究不同情景下的优化结果。考虑不同的目标组合，得出以下六种情景，并分别进行分析模型求解。

基本情景：考虑经济、社会和环境目标；

情景 1：考虑经济和社会目标；

情景 2：考虑经济和环境目标；

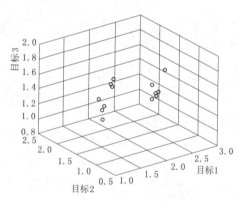

图 3 - 7　优化模型结果示意图

表 3 - 10　　　　　　　　优 化 模 型 结 果

序号	P1	P2	P3	P4	P5	P6	P7	P8	P9	P10	O_1	O_2	O_3
1	0	0	1	0	1	0	0	1	1	0	2.11	2.31	0.94
2	1	1	1	0	1	0	0	0	0	0	2.05	0.96	1.48
3	0	0	0	0	1	1	0	1	0	0	1.79	1.60	1.62

序号	P1	P2	P3	P4	P5	P6	P7	P8	P9	P10	O_1	O_2	O_3
4	1	0	1	0	1	0	0	0	0	1	2.50	1.38	1.37
5	0	0	1	0	1	0	1	0	1	0	1.71	1.88	1.29
6	0	0	0	0	1	1	0	0	1	0	1.34	1.08	1.79
7	0	0	0	0	1	0	1	1	0	0	1.85	1.95	0.97
8	0	0	0	0	1	0	0	0	0	1	1.85	1.86	1.18
9	1	0	0	0	1	1	0	0	0	0	2.03	0.60	1.98
10	0	0	1	0	1	1	0	0	0	0	1.34	1.05	1.77
11	1	0	1	0	0	0	1	0	0	0	2.82	1.83	1.13
12	1	0	1	0	0	0	1	0	0	0	2.40	1.41	1.48
13	1	0	0	0	1	0	0	1	1	0	2.81	1.85	1.16

情景 3：考虑社会和环境目标；

情景 4：只考虑经济目标；

情景 5：只考虑社会目标；

情景 6：只考虑环境目标。

在情景 1～3 中，考虑了两个目标，三种情景的优化结果如图 3-8 所示。从结果可得，情景 1 只有一个最优解，情景 2 和情景 3 分别有 5 个和 6 个帕累托解。情景 4～6 只考虑一个目标，结果如图 3-9 所示。结果表明，每个情景都有一个最佳解决方案。

六种情景下的最优投资方案组合。见表 3-11。

从表 3-11 中可以看出，情景 1～6 得到的最优解均少于基本情景，而且情景 2、情景 3、情景 4、情景 6 的解都可以在基本情景的结果中找到，情景 1 和情景 5 的结果虽然在一个或两个目标上表现最好，但最优解仍然能被基本场景中的帕累托解所支配。因此，考虑经济、社会和环境目标的方案可以为投资者提供更满意的解决方案，比其他方案更合理。

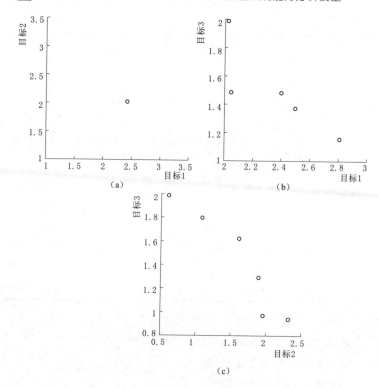

图 3-8　情景 1~3 优化结果

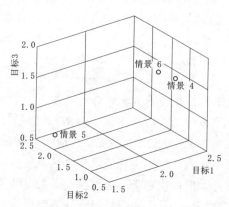

图 3-9　情景 4~6 优化结果

表 3-11　　　　　　　情景 1～6 的最优方案组合

情景	P1	P2	P3	P4	P5	P6	P7	P8	P9	P10
情景 1	1	0	1	0	0	0	1	1	0	0
	1	0	1	0	1	0	0	0	0	1
	1	0	0	0	1	0	0	1	1	0
情景 2	1	0	1	0	1	0	1	0	0	0
	1	0	0	0	1	1	0	0	0	0
	1	1	1	0	1	0	0	0	0	0
	0	0	1	0	1	0	0	1	1	0
	0	0	0	0	1	1	0	0	0	0
情景 3	0	0	0	0	1	1	0	0	1	0
	0	0	1	0	1	0	1	0	1	0
	1	0	0	0	1	1	0	0	0	0
	0	0	0	0	1	0	1	1	0	0
情景 4	1	0	1	0	1	0	0	0	0	1
情景 5	0	0	0	1	0	0	1	1	0	0
情景 6	1	0	0	0	1	1	0	0	0	0

3.5　本章小结

　　为了分析光伏-储能-充电站价值链的价值实现能力，本章构建了基于经济价值、社会价值和环境价值目标实现的分析指标体系，其中既包含定量指标和定性指标；为了衡量指标的评价值，本章构建了基于梯形直觉模糊数的分析框架，运用了累积前景理论进行单方案的综合分析，结合分析结果，模型通过多目标粒子群算法可以得出价值实现能力最优的方案组合。本章构建的分析模型能够得出不同的光伏-储能-充电站方案在经济、社会和环境价值以及整体的价值实现能力，为各利益相关者提供决策支持。

光伏−储能−充电站价值链运行过程中，不仅完成了价值实现的过程，而且随着价值链的发展，能够实现价值链的价值增值，因此，本章将分析影响价值链价值增值能力的内部和外部影响因素，并构建相应的系统动力学模型，通过因果分析与系统流图得出价值增值机制，进而通过对仿真结果的分析得出提升价值链价值增值能力的对策与建议。

4.1　引言

光伏−储能−充电站价值链通过能源生产、存储以及消费完成了价值实现的过程，在价值链运行过程中，不仅涉及光伏产业、储能产业、电动汽车充电产业、电动汽车用户，而且大电网、政府部门、技术服务商等主体也参与其中。经济环境、技术环境、市场环境也会影响到价值链的运行。因此，光伏−储能−充电站价值链可以看作由各参与主体与外部环境组成的系统。系统中不仅包含原材料采购、系统建设、能源生产与消费等价值实现环节，而且存在价值增值环节。价值增值环节为某些经营与管理活动，这些活动能够将低投入转化为高产出，提升价值链整体价值和核心优势。因此，价值增值能力也是光伏−储能−充电站价值链上企业的核心竞争力，是提升竞争优势的关键。

光伏−储能−充电站价值链系统中的增值环节能够直接或间接地增加企业的有形资产或无形资产，或者提升企业生产、协调、服务能力，进而提升企业的整体价值。例如，江苏某光储充项目利用其在用户侧能源管理方面的技术优势，优化项目设计，提供智能充电与储能部分产品与服务，扩展了经营范围，提高了服务能力；武汉某光储充一体化示范项目中，通过人工智能与大数据分析技术，实现电网、光伏发电、充电桩和储能等环节的全程感知，通过历史数据精准预测光伏发电情况和充电桩用能计划，再通过储能系统的充放电控制，最终达到智能优化调度用能的目的，提供高可靠、低成本供电服务。

由此可以发现，影响光伏-储能-充电站价值链价值增值的因素有很多，研究如何提升价值增值能力是非常有必要的。因此，本章将从光伏-储能-充电站价值链系统内部和外部的角度分析影响价值链价值增值能力的影响因素，初步分析各因素的影响机理，进一步将价值链系统分为资源流通子系统、节点运营子系统、用户需求子系统、技术创新子系统，分析各子系统中影响因素之间的因果关系，综合各子系统的分析结果得到系统整体的流程图，分析系统价值增值能力的提升机理，对模型进行模拟仿真后，根据仿真结果提出相应的对策与建议，帮助提升光伏-储能-充电站价值链的价值增值能力，价值增值能力分析框架如图4-1所示。

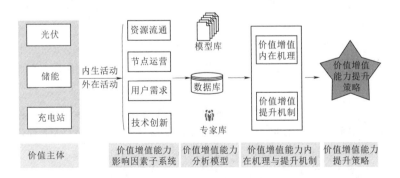

图4-1 价值增值能力分析框架

4.2 光伏-储能-充电站价值链价值增值能力影响因素分析

为了探究光伏-储能-充电站价值链价值增值机理，提升价值增值能力，首先需要分析影响价值增值能力的影响因素，其中包括价值链系统内部影响因素与系统外部影响因素。

4.2.1 系统内部影响因素

光伏-储能-充电站价值链是多个节点相互联系共同作用的系统，各节点内部或者节点之间的状态都能够影响到系统的价值增值能力，其中主要包含系统内部活动、系统运行能力、系统内部资源流动以及系统技术创新水平四方面的影响因素。

（1）系统内部活动。系统中的内部活动主要包括基本活动和辅助活动。基本活动包括各种与生产相关的环节，包括原材料供应、光伏和储能系统建设、充电站建设、充电站运营、用户用电等，这些环节能够直接创造价值，并完成价值的传递与增值。辅助活动则是辅助生产、保证基本环节运行的相关活动，主要包括人力资源、采购、税收政策、战略规划等，这些环节并不直接创造价值，但是会影响基本活动，进而对系统价值产生影响，因此需充分挖掘其潜在价值。

（2）系统运行能力。系统运行能力能够为价值链的正常运行提供保障，运行能力的提高能够促进价值链上的价值增值。系统运行能力主要包括各节点的运行能力及节点之间的协同运行能力。一方面，各节点的运营规模能够提升节点的运营和生产能力，充电站的服务能力和管理能力能够保证系统的运行效率和盈利能力，提高用户满意度；另一方面，节点间的协同运行能力也是价值增值的关键。

（3）系统内部资源流动。价值链中光伏、储能、充电站节点之间通过一系列活动引起能源、信息、资本的流动。对价值链整体价值来说，资金、人力资本、技术资本等，都是重要价值来源。系统将资金通过价值活动转化为能源产量、人力资本、技术资本等，各类资本转化为有形资产或者无形资产，提升了系统核心价值，进而继续投入到价值链的运行当中，形成良性循环。

（4）系统技术创新水平。节点在能源产品和信息产品的生产、传递和服务过程中的技术水平的提高能够为企业带来直接或间接的收益。企业在技术水平上的投入能够带来创新成果，成果能够创造价值。发电技术和储能技术的改进能够提升能源生产效率，实现经济价值增值；充电技术的创新能够减少充电时间，提升服务品质和用户满意度；信息技术的应用与创新能够为用户的带来便捷的服务，加强价值链的管理水平，促进节点之间的协同运作。

4.2.2　系统外部影响因素

价值链系统的外部环境会影响到各节点企业的运行，因此，影响价值链价值增值能力的外部因素主要有市场因素、政策法规与技术发展水平。

（1）市场因素。一方面，市场需求是光伏-储能-充电站价值链价值实现的前提。随着电动汽车规模逐渐增大，引发的充电需求的增加会促进光储充产业的建设与发展。另一方面，市场的发展也会影响原材料的供应，进而影响到系统的建设与维护以及后续规模的扩张。

（2）政策法规。光伏-储能-充电站价值链的提出为日益增长的电动汽车规模提供充电保障的同时，能够提高环境效益，减少电网负担，然而，由于发展初期各项技术尚未成熟，成本较高，需要政府发布相关扶持政策保障正常运行。因此，政府提供的保障和扶持政策对价值链的发展是非常有必要的，能够有效促进企业投资，影响企业发展策略。

（3）技术发展水平。光伏-储能-充电站价值链上的各节点以及辅助节点都是对技术水平较为敏感的企业，对软硬件的水平要求较高，因此，当前各类发电技术、储能技术、充电技术以及信息技术的发展水平对光伏-储能-充电站价值链的运行效率有着显著的影响。例如，储能技术是现在能源行业的热点，储能技术的发展一方面能够降低采购成本，另一方面，能够降低能源损耗，提高生产效率。

4.3 光伏-储能-充电站价值链的价值增值能力系统动力学模型

4.3.1 建模步骤及解决问题分析

4.3.1.1 系统动力学建模步骤

在采用系统动力学方法对研究模型进行构建分析时，一般包含以下几个基本步骤。

（1）明确系统动力学建模目的。在构建系统动力学模型之前，一定要从本质上对分析的对象、分析的问题进行细致研究，根据问题的特点，结合实际情况，最终明确建模的目的。

（2）明确系统的边界，并分析各个子系统间的因果关系。通过对调研问卷、文献研究、头脑风暴等方法搜集到的资料进行整理和分析，明确系统动力学建模系统的界限和系统的结构，并将系统划分为不同的子系统，通过系统动力学的因果回路和反馈机制研究各个子系统间的因果关系。

（3）绘制系统动力学流程图。根据第二步中确定的系统结构和子系统的因果回路关系，绘制出系统流图。

（4）设定参数方程。根据以上构建的系统流图，通过科学合理的基本假设，确定模型中的各个变量的类型和变量之间的数学关系，并为模型中的变量的设定参数值，形成参数方程。

（5）模型有效性检验。为了确保所构建模型的合理性、鲁棒性和可操作性，一定要对模型的运行状况开展有效性检验。

（6）模型的评估、应用以及意见的提出。通过调用有效性检验合格的模型对不同的方案进行模拟，找到能够优化和解决所确定问题的最优方案，并根据模型分析的结果，为决策者和管理者提出最优的建议和策略。

4.3.1.2 系统动力学建模解决的问题

通过构建光伏-储能-充电站价值链的价值增值能力系统动力学模型，本章致力于解决以下方面的问题。

（1）探究光伏-储能-充电站价值链价值增值的内在机理。根据 4.2 节中对价值链价值增值能力影响因素的分析，可以发现价值链内部节点的运营、节点间资源流动以及外部环境等因素对价值链的价值增值存在显著影响，因此，对其系统动力学模型的研究能够探究各影响因素中的哪些变量能够影响光伏-储能-充电站价值链的价值增值，以及通过何种路径能够影响其价值增值。

（2）探索光伏-储能-充电站价值链价值增值能力的提升机制。在建立光伏-储能-充电站价值链的价值增值能力系统动力学模型的基础上，分析价值链内外部节点的作用机制，进而根据模型探究各子系统内部因素对价值链价值增值能力提升的运行机制，为下一步提出优化策略奠定基础。

（3）分析光伏-储能-充电站价值链价值增值能力的优化策略。通过分析光伏-储能-充电站价值链的价值增值能力的内在机理与提升机制后，可以提出针对性的优化策略。在系统动力学模型的基础上，运用 VensimPLE 进行仿真模拟，达到优化价值链的价值增值能力的目的。

4.3.2 系统边界确定及假设

系统动力学建模的第一步就是要明确建模目的。在本章中，对光伏-储能-充电站价值增值能力进行建模的目的是：深入探讨光伏-储能-充电站价值链的构成与运行模式，并对影响其价值增值能力的各子系统之间进行定性的因果关系分析，运用系统动力学模型构建价值增值能力系统的流图，对模型中的关键参数变量进行变换模拟，多维度测量各子系统的影响因素对价值链价值增值能力的影响，并根据模拟结果探讨有助于提高系统价值增值能力的相关建议，为光伏-储能-充电站价值链发展提供参考的理论与方法。

为了探究光伏-储能-充电站价值链价值增值能力的动因，首先要研究价值链各主体之间如何进行价值创造与价值增值，因此模型中应该包含参与价值链价值增值的各参与主体以及外部环境。光伏-储能-充电站价值链运行涉及的主体主要有：光伏供应商、储能商、电动汽车充电站运营商、用户、电网、能源管理平台、技术服务提供商、政府部门等，其中，光伏节点提供能源，电动汽车用户进行能源消费，这些是其中基本的价值活动，完成了价值创造，而储能节点的加入、信息技术的应用和充电服务的多样化等促进了价值的增长。

完整的光伏-储能-充电站价值链系统包括能源流、信息流的传递等环节，也与技术发展水平、经济、社会环境与政府政策等息息相关。因此，在构建光伏-储能-充电站价值链价值增值能力系统动力学模型时，需将这个复杂的系统具体界定到资源流通、节点运营、用户需求和技术创新子系统中，这些子系统在人口、经济、社会、技术、政策等要素的共同作用下，保证了价值增值能力的实现与提升。具体的系统建模框架如图 4-2 所示。

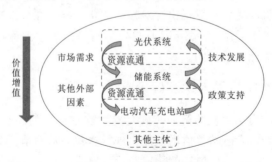

图 4-2　系统建模框架

系统的边界内应包括光伏-储能-充电站价值链上影响经济价值、社会价值及环境价值增值的所有重要因素。同时，为了简化模型，本章对系统做出如下假设：

（1）假设所有收入均为售电收入与充电服务收入，不考虑投资收益、营业外收入等其他收入。

（2）参与者为理性人，以利润最大化为决策目标。

（3）不考虑除光伏外其他发电技术的变化。

4.3.3 子系统因果关系分析

光伏-储能-充电站价值链的价值增值涉及多个参与主体以及技术、管理、资源、市场、创新等众多方面。因此，在确定了系统边界之后，本章将系统按层次划分为资源流通子系统、节点运营子系统、用户需求子系统与技术创新子系统，其中，资源流通是价值增值的前提，节点运营和用户需求是价值增值的保证，技术创新是价值增值的动力。

4.3.3.1 资源流通子系统

光伏-储能-充电站价值链价值增值的路径之一是通过投入各类资源增加能源产量，扩大能源交易量，提供更多充电服务，进而获得相应的收入，增加利润。因此，考虑到光伏-储能-充电站价值链资源投入、资源产出到资源收益的过程，本章构建资源流通子系统的因果关系图如图4-3所示。

（1）资源投入部分。充足的资源投入是价值链价值增值的基础，企业注入资金以后，不断转变为原材料、人力资源、技术资源等，使得能源生产能力和服务能力不断提高，增加了价值链总收入，保障了价值链的价值增值。此外，政府支持力度也会影响到资源投入。

（2）资源产出部分。系统通过资源投入，保障了价值链的生产与运营。原材料的投入能够提升能源产量，从而扩大能源交易；人力资本的投入用于人才的挖掘与培养，提高人才资本形成率；对技术创新的投入能够提升价值链上各环节技术创新水平，获得更多的技术成果，技术成果应用到生产中也会提高能源生产率和服务能力。各类资源产出能够提升价值链的核心价值。

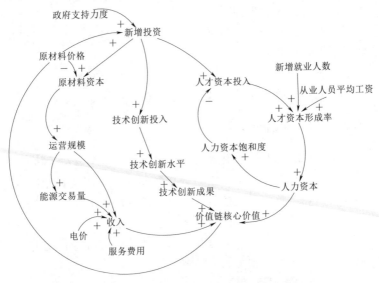

图 4-3　资源流通子系统因果关系图

（3）资源收益部分。光伏-储能-充电站价值链中收入主要包含两部分，一方面是售电收入，另一方面是充电服务获得的服务收入。收益的多少是由价值链的核心能力决定的，核心能力的提升能够增加资源产出，进而提高资源收益，可以追加更多投资，增加资源投入，形成系统的正反馈循环。

资源流通子系统的系统反馈回路见表 4-1。

表 4-1　　　　　　　资源流通子系统的系统反馈回路

序号	反　馈　回　路	极性
1	新增投资→＋原材料资本→＋运营规模→＋能源交易量→＋收入→＋价值链核心价值→＋新增投资	正反馈
2	新增投资→＋技术创新投入→＋技术创新水平→＋技术创新成果→＋价值链核心价值→＋新增投资	正反馈
3	新增投资→＋人力资本投入→＋人力资本形成率→＋人力资本→＋价值链核心价值→＋新增投资	正反馈
4	人力资本投入→＋人才资本形成率→＋人才资本→＋人力资本饱和度→－人力资本投入	负反馈

4.3.3.2　节点运营子系统

　　光伏-储能-充电站价值链中，光伏系统、储能系统和充电站的运营能力在一定程度上能够提高价值链各节点的协调性，提高发电水平，扩大运营规模，提升价值增值能力。考虑到节点的运行能力，本章构建节点运营子系统因果关系图如图 4-4 所示。

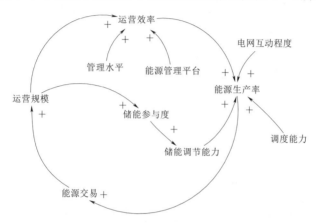

图 4-4　节点运营子系统因果关系图

　　对每个节点而言，投入较多资源可以增大节点的运营规模，由于系统容量、人力资本的增加，对资源的协调利用能够提升节点的运营效率，发电效率和服务效率的提高有助于提高供电水平和供电量，并且，为了保证供应水平，又引起了运营规模的上升，形成正反馈循环。此外，运用合理的先进的能源管理平台，提高节点的管理水平也有助于提升运营效率。

　　储能作为中间节点，具有重要的调节作用，是体现价值增值的重要因素之一，因此，上游和下游节点的运营都会影响到储能系统的配置。因此在节点运营子系统的因果分析中，单独考虑了储能的参与。储能自身或者其他节点运营规模的增加，都会影响到储能系统的配置，为了协同发展，储能会提升自身参与度，从而更好地调节发电及需求的关系，提高能源生产效率。

　　节点运营子系统的系统反馈回路见表 4-2。

表4-2　　　　　　　　　节点运营子系统的系统反馈回路

序号	反　馈　回　路	极性
1	运营规模→＋运营效率→能源生产率→＋能源交易量→＋运营规模	正反馈
2	运营规模→＋储能参与度→储能调节能力→＋能源生产率→＋能源交易量→＋运营规模	正反馈

4.3.3.3　用户需求子系统

用户需求是价值链运行的基础，满足用户需求是价值链价值创造的最终目标，因此，需求端的用户规模是光伏-储能-充电站价值链价值增值的关键要素。考虑到用户市场的发展过程，用户需求子系统因果分析如图4-5所示。

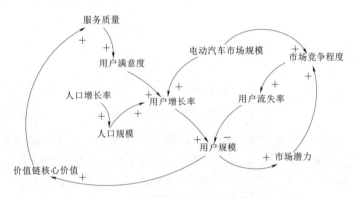

图4-5　用户需求子系统因果分析图

（1）用户增长部分。用户需求子系统中的关键变量主要有用户增长率、用户流失率和用户规模。用户增长率受人口规模、电动汽车市场规模、用户满意度等多方面的影响。一方面，从社会环境的角度来看，人口增长率的增加自然有可能提高用户的增长率，电动汽车市场规模增大时，电动汽车用户增多，也为用户增长提供了助力；另一方面，节点自身的运营服务水平能够提升服务质量，提高用户满意度，从而增强用户粘性，提高用户增长率。

（2）用户流失部分。用户流失主要与市场竞争程度有关。当用户规模增大时，说明光伏-储能-充电站市场具备较好的市场潜力和发展前景，因此更多的主体会参与到市场竞争中来，增加了市场竞争程度。市场竞争程度的增加使用户面临了更多的选择，竞争者会通过各种方式争夺用户资源，这样一定程度上会造成用户流失，降低用户规模，减少用电需求量。

用户需求子系统的系统反馈回路见表 4-3。

表 4-3　　　　　用户需求子系统的系统反馈回路

序号	反　馈　回　路	极性
1	用户增长率→＋用户规模→＋价值链核心价值→＋服务质量→＋用户满意度→＋用户增长率	正反馈
2	用户流失率→－用户规模→＋市场潜力→＋市场竞争程度→＋用户流失率	负反馈

4.3.3.4 技术创新子系统

光伏-储能-充电站价值链系统的运行效率依赖于技术的发展，包括发电技术、储能技术、充电技术、信息技术等，技术创新是价值链价值增值的动力。因此，本章构建了技术创新子系统，其因果分析图如图 4-6 所示。

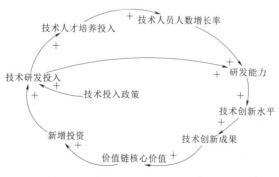

图 4-6　技术创新子系统因果分析图

（1）技术创新投入部分。价值链上相关企业的投资有一部分用于技术研发，这部分投资是技术创新的保证。技术创新的投入一部分用于新技术的开发、引进以及研发资料的购买，另一部分用于培养高新技术人才，增加技术人员数量。这两方面均可以达到提升技术研发能力的目的，有可能在发电、储能、充电技术和信息技术支持等方面取得创新，使得价值链整体技术创新水平得到提高。另外，各类技术扶持政策也会促使企业加大对技术研发的投入。

（2）技术创新产出部分。对技术创新的投入会提升技术创新水平，进而取得技术上的突破，得到产出成果。一方面，发电技术、储能技术等的提高有助于提高发电效率，增加能源产量；另一方面，由于技术创新带来的信息技术的提高、信息共享程度的提高、充电技术创新带来的充电效率的提高等会显著提升价值链系统的服务水平。由资源流通子系统的因果分析来看，技术创新产出会带来收入的增加。投资的扩大，这样也会提高对技术研发的投入，达到正反馈的效果。

技术创新子系统的系统反馈回路见表 4-4。

表 4-4　　　　　技术创新子系统的系统反馈回路

序号	反 馈 回 路	极性
1	技术研发投入→+技术人才培养投入→+技术人员人数增长率→+研发能力→+技术创新水平→+技术创新成果→+价值链核心能力→+新增投资→+技术研发投入	正反馈
2	技术研发投入→+研发能力→+技术创新水平→+技术创新成果→+价值链核心能力→+新增投资→+技术研发投入	正反馈

4.3.4　价值链价值增值能力系统动力学分析

在以上研究中，根据光伏-储能-充电站价值链价值增值各子系统的因果关系图，分析变量之间的关系，可以得到系统流图。流图能够根据变量关系反映系统中的反馈回路，直观表现系统结构与动态特征，下一步将根据流图建立变量方程，构建价值链增值能力系统动力学模型，如图 4-7 所示，实现系统的定量分析。

图 4-7 光伏-储能-充电站价值链价值增值能力系统动力学模型

本章所构建的系统动力学模型具有以下几个特征：

（1）综合性与整体性。本章构建的光伏-储能-充电站价值链价值增值能力系统动力学模型由 4 个子系统组成，且每个子系统均包含多个要素。各个子系统以及子系统各要素之间通过不断地交互、不断地相互作用，构成了一个复杂的、动态的系统。本章在构建模型时，从全局角度考虑了资源流通子系统、节点运营子系统、用户需求子系统和技术创新子系统之间的内外部影响因素和作用关系，使得构建的系统形成一个有机整体。光伏-储能-充电站价值链的价值增值能力系统动力学模型能够展示出价值链价值增值的整体性与协调性。

（2）相关性和交叠性。光伏-储能-充电站价值链上的系统是多方主体共同参与、各种因素共同作用，根据一定规律和相关性构成的有机整体，不仅子系统之间存在着相互作用、相互交叠、相互制约的关系，各要素之间也存在着线性或非线性的相互关系。任意一个要素的变化都能够影响到其他因素以及系统整体行为。

（3）反馈性和可控性。从构建的系统动力学模型中可看出，各因素对光伏-储能-充电站价值链系统的作用中存在反馈回路，其中，正反馈回路具有自我增强效应，能够推动价值链的价值不断提升，负反馈回路能够产生自我弱化效应，即促使价值链沿着相反的方向发展，导致价值链的价值不断降低。系统在正负反馈回路的共同影响下进行动态发展，因此通过改变关键因素，可以调整系统发展水平，增强价值增值能力。

4.4　仿真模拟分析

4.3 节构建了光伏-储能-充电站价值链的价值增值能力系统动力学模型，下一步需要对模型的有效性进行检验和调整，进而得到仿真结果，根据结果提出提升价值增值能力的相关策略。

4.4.1　模型有效性检验

4.4.1.1　模型变量分析与数学公式构建

系统动力学中，最基本的变量为流位变量与流率变量，其他变量为辅助变量和常量。

（1）流位变量。流位变量是系统中反映能量、信息、物质等积累的变量，能够表示系统当前的状态，满足公式 $LV(t) = LV(t - \Delta t) + \Delta LV(t - \Delta t)$，其中，$LV(t)$ 为 t 时刻的状态，$\Delta LV(t - \Delta t)$ 为前一时刻到 t 时刻的增量。本章构建的系统动力学模型中，流位变量包括原材料资本、人力资本、技术创新成果、用户规模、累计收入。

（2）流率变量。流率变量能够反映流位变量状态积累的快慢，描述系统的变化速度，公式可表示为 $LV(t) = LV(t - \Delta t) + RV(t -$

Δt)·Δt，$RV(t)$ 可以分解为流入率和流出率。本章构建的系统动力学模型中，流率变量包括原材料增量、人力资本增量、技术投入增量、用户增长率、用户流失率、收入增量。

（3）辅助变量。辅助变量是系统中的中间变量，可以辅助流位变量到流率变量之间信息传递的过程表达。本章构建的系统动力学模型中，辅助变量包括能源交易量、新增投资、人才资本投入、技术创新投入、用户满意度等。

（4）常量。在系统研究过程中，常量表示随时间变化表达值变化极小或不变的量。本章构建的系统动力学模型中，流位变量的初始状态、电价和服务费用为常量。

本章构建的系统动力学模型中的主要变量公式为

$$原材料资本 = INTEG(原材料增量,初始原材料) \quad (4-1)$$

$$人力资本 = INTEG(delay3(人力资本增量,延迟),初始人力资本) \quad (4-2)$$

$$技术创新成果 = INTEG(delay3(技术创新投入增量,延迟),初始技术成果) \quad (4-3)$$

$$用户规模 = INTEG(用户变化率,初始用户规模) \quad (4-4)$$

$$累计收入 = INTEG(收入增量,初始收入) \quad (4-5)$$

$$人力资本增量 = 人力资本形成率 \times 初始人力资本 \quad (4-6)$$

$$技术投入增量 = 技术创新投入 \times SQRT(技术创新水平) \quad (4-7)$$

$$用户增长率 = 人口规模^{0.2} \times 用户满意度^{0.5} \times 电动汽车市场规模^{0.3} \quad (4-8)$$

$$用户流失率 = 市场竞争程度 \times 0.05 \quad (4-9)$$

$$市场竞争程度 = SMOOTH(SQRT(市场潜力),延迟) \quad (4-10)$$

$$收入 = (电价 + 服务费) \times 能源交易量 \quad (4-11)$$

$$能源生产量 = (运营效率 + 储能调节能力) \times TIMESTEP \quad (4-12)$$

$$新增投资 = 收入 + 政府补贴 \quad (4-13)$$

$$人才资本投入＝新增投资×人才资本投入系数 \quad (4-14)$$

$$人才资本投入系数＝WITH\ LOOKUP(人力资本饱和度)$$
$$(4-15)$$

$$技术创新投入＝新增投资×技术创新投入系数 \quad (4-16)$$

$$运营规模＝光伏规模＋储能规模＋充电站规模 \quad (4-17)$$

$$能源交易量＝能源供应量－储能电量－电网交换电量$$
$$(4-18)$$

$$政府支持力度＝WITH\ LOOKUP(收入) \quad (4-19)$$

$$新增就业人数＝WITH\ LOOKUP(time) \quad (4-20)$$

$$就业人员平均工资＝WITH\ LOOKUP(time) \quad (4-21)$$

$$电动汽车市场规模＝WITH\ LOOKUP(time) \quad (4-22)$$

4.4.1.2　模型有效性检验结果

为了检验构建模型的有效性，本章将结合实际数据进行模型检验，因此，选取了某光储充试点项目 2016—2019 年运营的相关数据作为检验数据。设置系统动力学模型的主要参数：系统模拟周期为 4 年，仿真步长为 1 个月，初始用户规模为 1400 人，初始人力资本和技术创新投入为 100 万元，平均电价为 0.49 元/kWh，平均服务费用为 0.71 元/kWh。

对光伏-储能-充电站价值链的价值增值能力系统动力学模型进行心智模型测试，看系统模拟结果与实际发生的数据在数值和趋势上是否拟合。在本章中，用户规模、收入是两个重要变量。分别将 TIMESTEP 设置为 0.25、0.5 和 1，查看这两个变量的仿真结果，如图 4-8 所示。从结果可以看出，整个系统运行基本稳定，并未出现异常的变化和结果。

在模型测试时，通过将仿真数据与实际数据相比较，检验其实际误差，可以判断仿真结果是否合理。一般认为误差在 15% 以内表明模型是合理的。选取 2017—2019 年的结果进行对比，结果见表 4-5。对比可得，仿真结果与实际结果的误差均达到要求。综上所述，本章构建的系统动力学模型能够有效地反映光伏-储能-充电站价值链的价值增值机制，与实际系统的行为是相

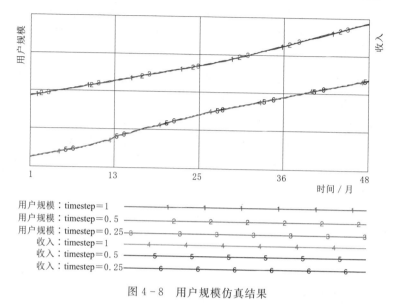

图 4-8 用户规模仿真结果

符的，可以进行下一步的运行与分析。

表 4-5 心智模型测试结果

变量	2017 年			2018 年			2019 年		
	实际值	模拟值	误差	实际值	模拟值	误差	实际值	模拟值	误差
总收入/万元	113.4	126.5	11.6%	142.5	148.6	4.3%	180.2	167.5	7.1%
用户规模	1952	2002	2.5%	2589	2418	6.6%	3120	2918	6.5%

4.4.2 价值链价值增值能力仿真分析

在确定了模型的有效性后，本章将模拟周期扩展至 240 个月，步长为 1 个月，仿真运行后分析运行结果。

4.4.2.1 价值链价值增值能力发展趋势

本章定义价值链的核心价值为累计收入、人力资本、技术创新成果和用户规模的总和，对模型进行仿真后，以上各指标的仿真结果如图 4-9 所示。

　　通过以上仿真结果可以看出，价值链的累计收入呈现随时间上升的趋势，并且可以发现收入增长率是递增的，这说明价值链整体运行良好，价值增值能力较强，具有良好的市场前景。并且，随着电动汽车市场规模逐渐增大，用户充电需求的增多，用户规模也呈现稳步上升的趋势。由于前期政府补贴力度较大，投资较多，人力资本在前期呈现快速增长的状态，但是后期由于人力资本逐渐趋于饱和状态，相应投入有所降低，所以其增长趋势变慢。技术创新成果受技术创新投入周期性趋势的影响，前期增长较快，后期增幅减少，逐渐趋于平缓。

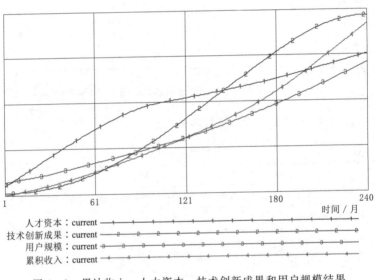

图 4-9　累计收入、人力资本、技术创新成果和用户规模结果

　　价值链核心价值的发展趋势如图 4-10 所示。可以看出，前期核心价值增长的趋势与累计收入和用户规模较为一致，均保持较高的增长速度，后期由于人力资本和技术创新成果的增速变缓，核心价值增长的趋势也相应减弱，但是仍然保持着一定的增长率。从价值链核心价值的变化可以判断其价值增值能力的大小，从结果看出，随着时间的推移，目标价值链的价值增值能力

逐渐增强，前期增速较快，后期增速逐渐放缓，但仍然保持增长的趋势。

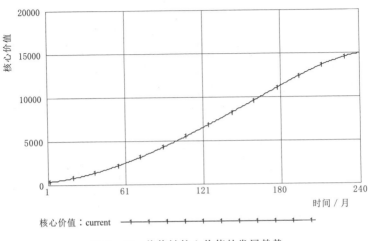

图4-10 价值链核心价值的发展趋势

4.4.2.2 政府支持政策对价值增值能力的影响

光伏-储能-充电站价值链的发展离不开政策的支持和保障，不同类型的支持政策对价值链的价值增值能力会产生不同的影响。本章将探究三种不同的政府补贴形式对价值链系统的影响：①随着收入的不断提高，政府补贴金额逐渐减少；②政府补贴金额保持不变；③随着收入的不断提高，政府补贴金额逐渐增加。

将政府补贴设置为与收入相关的表函数：情景一的表函数设置为 *WITH LOOKUP* { [(0，0) － (1000000，100000)]，(0，100000)，(200000，91000)，(300000，80000)，(400000，73000)，(500000，67000)，(600000，60000)，(70000，52000)，(800000，38000)，(900000，20000)，(1000000，0)}；情景二的表函数设置为 *WITH LOOKUP* { [(0，0) － (1000000，100000)]，(0，50000)，(1000000，50000)}；情景三的表函数设置为 *WITH LOOKUP* { [(0，0) － (1000000，100000)]，(0，0)，(200000，38000)，(300000，52000)，(400000，60000)，(500000，67000)，(600000，73000)，

（700000，80000），（800000，91000），（1000000，100000）}。政府支持政策敏感性分析如图 4 - 11 所示。

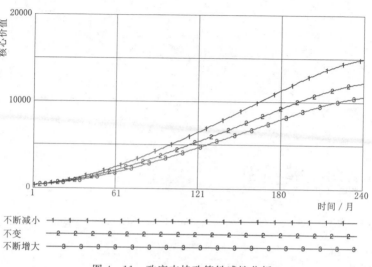

图 4 - 11　政府支持政策敏感性分析

　　从以上结果可以看出，情景一的价值增值能力是最强的，因为在价值链发展的初期，用户规模较小，需要有较多的政府补贴投入作为投资，以扩大运营规模。情景三中，政府补贴随着收入增加不断增加，但是价值链的价值增值能力却是最小的，这是因为发展后期，价值链达到了一定的规模和发展程度，人力资本和技术创新成果等产生价值的增速放缓，增加政府补贴投入并不会产生更好的效果。以上结果可以看出，价值链发展前期对政策支持的需求较大，可以加大补贴的投入力度，等价值链发展到一定程度时，可以减少甚至取消补贴，就能够达到很好的价值增值效果。

4.4.2.3　技术创新投入程度对价值增值能力的影响

　　为了计算价值链技术创新投入，引入了技术创新投入系数，考虑到企业对技术创新投入的特点，本章用 sin 函数来计算该系数，计算公式为

$$技术创新投入系数＝\sin(\text{Time}/仿真周期×k\pi) \qquad (4-23)$$

式中 k——控制参数，用来模拟技术创新投入的周期性变化。

本章分别对 $k=1，2，3$ 时的系统进行仿真，得到不同情景下的价值链核心价值变化曲线，技术创新投入敏感性分析如图 4-12 所示。

价值链发展前期，$k=3$ 时价值链核心价值最高，中期 $k=2$ 时核心价值最高，后期 $k=1$ 时核心价值的增长远远高于其他两种情景。从整体发展的趋势来看，$k=1$ 时，价值链一致保持着核心价值的不断增长，从长期来看，价值增值能力最强。

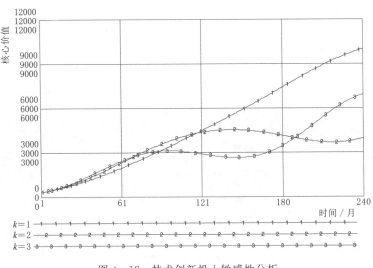

图 4-12 技术创新投入敏感性分析

4.4.3 对策建议

本章通过构建光伏-储能-充电站价值链价值增值能力的系统动力学模型，深入研究了影响价值链价值增值能力的影响因素，明确了价值增值机制，根据研究结果，为了促进价值链发展，提升价值增值能力，提出以下几点建议。

1. 落实产业发展的支持和保障政策

光伏-储能-充电站价值链的发展目前处于初期阶段，从仿真结果可以看出，此时市场规模较小，产业的发展离不开政策的支持。因此，需要落实产业发展的相关财政政策、金融政策、福利政策，为产业发展提供资金保障和政策支持，并且，根据研究结果，需要针对产业发展的不同阶段拟定相应的支持策略，达到最好的价值增值效果。合理的政策支持能够加速光伏-储能-充电站价值链的发展，为社会提供清洁、高效的电动汽车充电服务，提升产业增值能力。

2. 提升核心竞争力

企业通过各种资源的投入以及流动，得到不同类型的资源产出，以完成企业的目标，这些资源与能力构成了企业的核心竞争力，其中，当资源具备稀缺性、不易替代性时，企业就能够得到竞争优势。因此，在光伏-储能-充电站价值链的发展过程中，首先需要具备一些传统资源，例如设备原材料、营销资源、网络资源等，提升企业的运营规模和运营效率，另外，企业的创新能力、管理水平、人力资源、服务能力等资源的获得与提升在发展过程中体现出了越来越重要的竞争优势。因此，在价值链发展过程中，应该整合各类资源，提升核心竞争力。

3. 明确市场定位

光伏-储能-充电站价值链能够充分利用自然资源为电动汽车用户提供充电服务，能够带来较好的环境效益和社会效益，但是在产业发展的初期，企业仍会面临较大的市场竞争。随着电动汽车规模的逐渐扩大，虽然用户规模会随之增长，但是市场竞争会增强。这就要求企业必须从发展初期就进行充分的市场调研，找准自身定位，在市场竞争中寻找机会。作为一种新兴的充电站建设方式，只有找到其独特的运行模式和竞争优势，科学地分析市场条件，才能在初期进行有效的市场开拓，扩大用户规模，进而促进企业的持续发展。

4.5　本章小结

为了分析光伏-储能-充电站价值链的价值增值能力的提升机制，本章将价值链视为一个系统，分别从系统内部和外部角度分析了影响价值增值能力的关键因素，基于对影响因素的分析，将系统分为资源流通子系统、节点运营子系统、用户需求子系统和技术创新子系统，分别分析了每个子系统的因果关系，并得到了系统流图，揭示了价值链价值增值能力的提升机制；通过模型的模拟仿真，检验了模型的有效性，并且分析了价值链价值增值能力随时间的发展趋势，以及政府支持政策和技术创新投入对价值增值能力的影响，最终结合仿真结果提出了针对性的对策与建议。

第5章　光伏−储能−充电站价值链价值共创能力分析模型

光伏−储能−充电站价值链的价值创造离不开各参与主体的协同运行，主体间的协同运行能够提高资源配置的合理性，提升资源利用效率，从而获得效益最大化，增强价值链的价值共创能力。本章为了提升价值链上多主体价值共创能力，将构建基于节点运行能力的价值共创能力分析模型，得到考虑光伏、储能、充电站和电网节点协同共创情景下的节点最优配置以及运行模式。

5.1　引言

光伏−储能−充电站价值链上存在多个利益主体，如光伏系统、储能系统、充电站和电网等，价值链的价值创造必须基于各个利益主体的相互配合、信息协同。价值链的价值共创在价值实现和价值增值的基础上增加了电网利益主体，但电网并不是价值链上的关键节点，它只是为提升价值链的价值提供了一种途径，即光伏−储能−充电站价值链在电网谷时以低电价买电存储，在电网峰时以高电价卖电获取收益的方式使价值链的价值最大化。所以，光伏−储能−充电站价值链的价值共创是指价值链上的各节点在正常运行的前提下，共同配合，共同出力，最终达到一个共同的目的，即价值链的价值最大化。

光伏−储能−充电站价值链价值共创的基础是信息共享。

光伏、储能、充电站和电网这 4 个主体之间的信息流交互过程为：首先通过物联网相关信息采集技术实现数据的收集，其次利用大数据的实时存储、实时传输以及实时处理技术实现数据共享，最后需要通过云计算技术实现多主体之间的资源共享，最终达到信息可以在主体之间实现单向或者双向的快速、实时、准确交互，为价值链价值共创奠定基础。前面提到与电网的交换电可以提升价值链的价值创造能力，合理的光伏和储能容量配置也可以降低价值链的投资成本，此外，高效地管理价值链上的能量流动同样是提高价值创造能力的一个有效途径。所以，通过对价值链各节点的容量进行合理配置并且高效管理价值链上多个利益主体之间的能量流动可以实现价值链价值共创。

光伏-储能-充电站价值链价值共创的手段是能量管理。通过分析可知，价值共创是要通过 4 个主体的合理协作、信息共享降低价值链的成本支出，最大化价值链效益。而价值链价值最大化的实现需要通过对主体之间的能量流开展最优配置，所以价值链价值共创能力分析的关键即为分析价值链的能量流。能量流的分析主要可以从光伏和储能容量配置以及主体之间能量管理两个方面来展开：

（1）光伏和储能容量配置。合理的容量配置能够节省价值链的成本支出，降低投资成本。光伏系统和储能系统是价值链中两个最重要的节点，光伏系统为价值链提供了稳定的电力输出，储能系统既是一个发电装置同时也是一个负荷，具备电源与负荷的双重特性。优化价值链上储能和光伏的容量是提升价值共创能量的一种途径。

（2）对各主体进行能量管理。光伏-储能-充电站价值链上各个节点的能量管理是实现价值链价值共创的另外一个重要因素。价值链上的各个节点在每一个时刻都在产生或者消耗电能，如何对每个节点每个时刻的状态以及能量生产或者消耗量进行管理是价值链价值共创的关键。通过物联网技术可以实时收集光伏系统和充电站的实时状态，加之以储能系统的数据以及电网的数据，通过人工智能与大数据分析技术，可实现电网、光伏发电、充电桩和储能等环节的全程感知，通过对历史数据进行分析精准预测光伏发电情况和充电桩用能计划，再通过储能系统的充放电控制，最终确定出最优的能量管理策略，提供高可靠、低成本供电服务。

　　基于以上分析可以发现，提升光伏-储能-充电站价值链价值共创能力的关键是解决光伏和储能的容量配置以及能量管理。因此，本章将构建考虑多节点运行能力的价值链价值共创能力分析模型。首先，以度电成本最小化作为容量配置和能量管理的目标函数，分别针对光伏节点、储能节点和电动汽车充电节点的运行能力开展分析，同时从等式约束和不等式约束两个角度构建约束条件；然后，为解决粒子群优化算法容易陷入局部搜索的问题，将多智能体系统引入其中，构建基于多智能体的粒子群能量管理算法；最后，开展多情景模拟分析，得出最佳的容量配置和能量管理方案并证明算法的合理性，价值共创能力分析框架如图5-1所示。

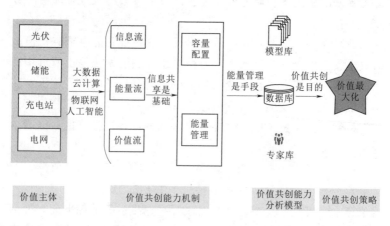

图5-1　价值共创能力分析框架

5.2 考虑节点运行能力的价值链价值共创能力分析模型

5.2.1 目标函数

为了衡量节点之间的价值共创能力，本章将价值链系统度电成本（Cost of Electicity，COE）最小化作为价值共创分析的目标函数，该指标能够代表不同系统配置的价值链整体的成本。COE 的一个关键因素是各系统的净成本（Net Present Cost，NPC），其中包括每个组件的成本和与电网交换电的成本。因为电动汽车充电设施成本是固定的，所以该模型为了计算方便没有考虑充电站建设的成本。

价值链系统的净成本计算公式（5-1）为

$$NPC_{\text{PBES}} = \sum_{k=\{\text{PV,BESS}\}} C_k \times N_k + \frac{C_{\text{electricity}}}{CRF} \qquad (5-1)$$

式中 C_k、N_k——第 k 个组件的成本和个数；

$C_{\text{electricity}}$——每年向电网销售和购买电力的成本，可能是正的，也可能是负的。

根据 NPC 的公式，度电成本的公式为

$$COE_{\text{PBES}} = \frac{NPC_{\text{PBES}}}{\sum\limits_{t=1}^{T} P_{\text{Load}}(t)} \times CRF \qquad (5-2)$$

其中

$$CRF = \frac{r(1+r)^y}{(1+r)^y-1} \qquad (5-3)$$

式中 CRF——资本回收因子；

r——贴现率；

y——为项目的生命周期。

1. 系统组件成本

价值链上各节点对应的系统部件成本包括投资成本 IC_k、置

换成本 RC_k、运维成本 OM_k 和残值 RV_k，即

$$C_k = IC_k + RC_k + OM_k - RV_k \tag{5-4}$$

残值可以通过线性折旧公式来计算，即

$$RV_k = RC_k \frac{y_{rem}^k}{y_k} \tag{5-5}$$

2. 购售电成本

与电网的能源交换会产生购售电成本。当充电站向电网输送能源时，成本为负，这意味着系统正在盈利。相反，当系统从电网购买电力时，成本为正。年购售电成本公式为

$$C_{electricity} = \sum_{t=1}^{T} \{ [P_{Load}(t) + P_{ch}(t) \times \eta_{ch} \times \mu_1(t) - \frac{P_{dis}(t)}{\eta_{dis}}$$
$$\times \mu_2(t) - P_{PV}(t)] \times P_t \} \times TC \tag{5-6}$$

式中　TC——日电价年化系数。

5.2.2　节点运行能力

5.2.2.1　光伏系统模块

光伏系统的建设首先需要确定光伏模块的数量与容量。光伏阵列的输出功率受温度、光照、组件光照面积和光电转换效率影响，其输出功率的公式为

$$P_{PV}(t) = \frac{G_t(t)}{G_{ref}} \times P_{PV-STC} \times \eta_{PV} \times [1 - \beta_T(T_C - T_{C-STC})]$$

$$\tag{5-7}$$

式中　$G_t(t)$——光照强度；

　　　G_{ref}——1000W/m²；

　　P_{PV-STC}——标准测试条件下光伏板的额定功率；

　　　η_{PV}——光伏发电效率；

　　T_{C-STC}——标准测试条件下的电池参考温度，在本章中为 25℃；

　　　β_T——硅元件的温度系数，取值范围为 0.004～0.006；

　　　T_C——电池温度，其公式为

$$T_C = T_{amb} + (NOCT - 20) \times \frac{G_t(t)}{800} \tag{5-8}$$

式中　　T_{amb}——环境温度；

　　　　$NOCT$——正常工作温度。

5.2.2.2 蓄电池储能系统

储能节点中大多采用蓄电池组作为电量存储系统来实现供需平衡。

蓄电池储能系统在每个时间间隔内储存电量的公式为

$$E_{BESS}(t) = E_{BESS}(t-1) \times (1-\sigma) + [P_{ch}(t) \times \eta_{ch} \times \mu_1(t) - P_{dis}(t)/$$

$$\eta_{dis} \times \mu_2(t)] \times \Delta t \quad t = [1, 2, \cdots, T] \tag{5-9}$$

式中　　　　　　σ——蓄电池的自放电率；

$P_{ch}(t)$、$P_{dis}(t)$ ——t 时刻的充放电功率；

　　η_{ch}、η_{dis}——蓄电池的充放电效率；

　　　　Δt——时间间隔；

　　　　T——总时间间隔数。

由于蓄电池不允许同时处于充放电状态，对其状态的约束为

$$\mu_1(t) + \mu_2(t) = [0, 1] \tag{5-10}$$

$$\mu_1(t) = [0, 1] \tag{5-11}$$

$$\mu_2(t) = [0, 1] \tag{5-12}$$

其中，$\mu_1(t)$ 和 $\mu_2(t)$ 分别指蓄电池的"充电"和"放电"状态。1表示正在充电/放电，0表示相反的状态。

为防止能量累积过多，定义蓄电池初始和结束时的电量应相等，即

$$E_{BESS}(0) = E_{BESS}(T) \tag{5-13}$$

同时，蓄电池的充放电功率不得超过其额定功率。

$$P_{ch}(t) \leqslant P_{BESS} \tag{5-14}$$

$$P_{dis}(t) \leqslant P_{BESS} \tag{5-15}$$

式中　　P_{BESS}——蓄电池的额定功率。

对蓄电池中储存的电量也需要约束，即

$$E_{BESSmin} \leqslant E_{BESS}(t) \leqslant E_{BESSmax} \qquad (5-16)$$

式中　$E_{BESSmin}$、$E_{BESSmax}$——电池组的最小和最大荷电状态，

$E_{BESSmin}$ 可根据式（5-17）求出。

$$E_{BESSmin} = (1 - DOD)E_{BESSmax} \qquad (5-17)$$

式中　DOD——最大放电深度。

5.2.2.3　电动汽车充电需求模拟

电动汽车充电负荷预测是研究电动汽车充电站运行能力的关键。本章将采用文献［127］中提出的充电负荷仿真模型，模拟电动汽车在充电站中的充电过程，从而得到充电站各时刻的充电负荷。该模型考虑了三个重要因素：每个时刻到达充电站准备充电的电动汽车的数量、每个电动汽车的充电持续时间和每个充电桩的充电功率。

为了研究电动汽车的充电模式，对前两个因素进行了如下假设：

（1）假设电动汽车到达电动汽车充电站充电的行为模式与到达加油站的小型车辆相同。

（2）随着样本量的增加，电动汽车的充电持续时间可以看作是由几个随机变量决定的情景，因此我们假设充电持续时间符合高斯分布。

（3）即使所有充电桩都被占用，等待的电动汽车也不会选择其他充电站。

每个充电桩的充电功率应根据充电器的充电技术来确定。目前电动汽车的充电方式主要有交流充电、直流充电和无线充电等，这些充电方式适用于不同的充电场合。交流充电一般用于慢充，直流充电主要用于高速公路服务区的公共充电设施和充电站。与前两种充电方式相比，无线充电技术带来的经济效益和便利性令人惊叹，其发展前景不容低估。然而，由于成本高，技术成熟度低和基础设施不完善，暂未得到广泛的应用。

电动汽车充电站负荷模型过程如图5-2所示。

第1步：输入电动汽车到达充电站的时间分布和充电时间分

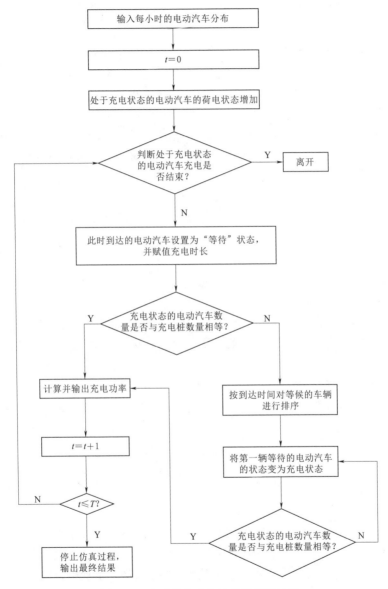

图 5-2 电动汽车充电站负荷模拟过程

布。此时 $t=0$，初始化数据。

第 2 步：电动汽车充电站中的电动汽车可以分成两种类型：等待状态和充电状态。在此时，电池的荷电状态（state of charge，SOC）随着充电桩输入功率的变化而增加。如果到达充电结束时间，电动汽车停止充电，离开充电站。

第 3 步：根据输入数据，确定此时刻到达充电站的电动汽车数量。然后，设置为等候状态，并指定其充电时间。

第 4 步：如果等待状态的电动汽车的数量等于可用充电桩数量，跳转到第 6 步。如果电动汽车数量大于可用充电桩数量，则跳转到第 5 步。

第 5 步：让电动汽车根据他们到达的时间排队。根据可用充电桩数量，逐一将电动汽车的状态转换为充电，直到可用充电桩数量为 0。

第 6 步：此时计算和输出这一时间间隔内所有电动汽车的充电功率。

第 7 步：$t=t+1$。循环跳转到第 2 步，直到模拟周期结束。

第 8 步：停止模拟过程并输出最终结果。

5.2.3　约束

当光伏-储能-充电站并网运行时，系统应遵守能量平衡原则，即耗电量等于发电量。如公式（5-18）所示，在并网模式下，整个系统不允许出现能源短缺的情况。

$$P_{\text{Load}}(t)+P_{\text{ch}}(t)\times\eta_{\text{ch}}\times\mu_1(t)-\frac{P_{\text{dis}}(t)}{\eta_{\text{dis}}}\times\mu_2(t)-P_{\text{PV}}(t)=P_{\text{Grid}}(t)$$

$$(5-18)$$

其中，$P_{\text{Grid}}(t)$ 是与大电网交换电量的功率，可以是正的或负的。在上述关系中，在每个时间间隔内，负载消耗的电量与蓄电池充电量之和等于光伏系统和大电网提供的电量加上蓄电池放电量。

蓄电池的能量平衡约束和充放电功率约束、储能和初始充放电状态约束等在 5.2.2 节中均已阐明。在特定的情况下，决策变量的范围将根据负荷水平来确定。

5.3 多智能体粒子群优化算法求解

5.3.1 粒子群优化算法

粒子群优化（Particle Swarm Optimization，PSO）算法是由学者 J. Kennedy 和 R. C. Eberhart 提出的一种生物进化算法。该算法的主要思想是初始生成一个随机解，通过多次迭代寻找最优解，通过适应度对解进行评估，最终实现全局优化。与遗传算法相比，粒子群优化算法是一种改进的进化算法，它抛弃了遗传算法的交叉、变异等算子，使整个优化过程达到更高的收敛速度。

假设有 M 个粒子。每个粒子都有 N 个维度，即变量个数为 N。第 i 个粒子的位置和速度分别用 $p_i = [p_{i1}, p_{i2}, \cdots, p_{iN}]$ 和 $v_i = [v_{i1}, v_{i2}, \cdots, v_{iN}]$ 来表示。粒子群算法的关键是通过速度和位置更新方程求出局部最优解和全局最优解，如公式（5-19）至（5-21）所示。

$$v_i(t+1) = wv_i(t) + c_1 \times r_1 \times [pbest_i(t) - p_i(t)] + c_2 \times r_2$$
$$\times [gbest_i(t) - p_i(t)] \quad (5-19)$$

$$p_i(t+1) = p_i(t) + v_i(t+1) \quad (5-20)$$

$$w = w_{max} - (w_{max} - w_{min}) \times \frac{t}{t_{max}} \quad (5-21)$$

式中　　　　　c_1、c_2——加速度常数，也称为学习因子；

　　　　　　　r_1、r_2——介于 0 和 1 之间的随机数；

$pbest_i(t)$ 和 $gbest_i(t)$——粒子在第 t 次迭代时的最佳位置和全局最优位置；

　　　　　　　w——惯性权重，用来调整解空间的搜索范围；

$$w_{max}、w_{min}——惯性权重的最大值和最小值；$$
$$t——当前迭代次数；$$
$$t_{max}——最大迭代次数。$$

5.3.2　多智能体系统

作为分布式人工智能的一个重要分支，多智能体系统（Multi - agent System，MAS）是一个复杂的系统，它由许多独立的智能体 Agent 组成。MAS 是传统分布式控制系统的一种先进形式，具有控制大型的、多层次实体的能力。Agent 被认为是一个系统，位于一个环境中，能够在环境中自主地执行操作，以满足系统的设计目标。每个 Agent 都具有如下典型特征：

（1）反应性：Agent 在不直接影响环境的情况下，通过智能系统对环境中的任何偏差做出反应。

（2）自主性：Agent 具有在网络中独立执行任务的能力，不受其他 Agent 或人的干扰。这些属性可以保护 Agent 的内部状态不受外部影响，并使其免受外部干扰。

（3）推理能力：指 Agent 按照智能目标规定进行操作的能力，即通过简化信息来推断观察结果的能力。这可以通过操作现有信息的适当内容来实现。

（4）响应性：指 Agent 观察环境当前状态并在尽可能短的时间内做出响应的能力。该能力对系统的实时应用具有重要意义。

（5）主动性：指当外界环境的改变时，Agent 具有能主动采取活动的能力。

（6）社会行为：指 Agent 具有与其他 Agent 或人进行合作的能力，不同的 Agent 可根据各自的意图与其他智能体进行交互，以达到解决问题的目的。

5.3.3　多智能体粒子群能量管理算法

多智能体粒子群优化（Multi - agent Particle Swarm Optimization，MAPSO）算法是一种集 MAS 和 PSO 于一体的智能算法。在 MAPSO 中，Agent 不仅代表问题的候选解，而且代表粒子群算法中的粒子。对于 MAPSO 算法，首先应该建立一个类似于网格的环境，其中每个 Agent 都固定在一个网格点上。为了更准确地获得最优解，每个 Agent 都与相邻的几个 Agent 进行竞争与合作，并通过自学习来获得高质量的解。PSO 算法的机制可以开发出 Agent 之间快速传递信息的机制，因此 MAP-SO 能够结合 Agent 的特性和 PSO 的搜索机制，实现快速收敛，提高结果的准确性。

（1）各 Agent 的用途。在粒子群优化算法的每次迭代中，每个粒子都趋于最优解，目的是寻找最优的适应度值。在 MAPSO 中，每个粒子都是一个 Agent，所以 Agent 的目的就是找到适应度值的最优解。

（2）全局环境的定义。MAS 中的所有 Agent 都需要一个生存环境，Agent 全局环境如图 5-3 所示。图中每个网格代表一个 Agent，圆圈中的数字代表 Agent 在环境中的位置。有 $m \times n$ 个 Agent 代表 $m \times n$ 个粒子。由于粒子群优化算法的所有粒子都具有位置和速度属性，所以每个 Agent 也具有这两个属性。

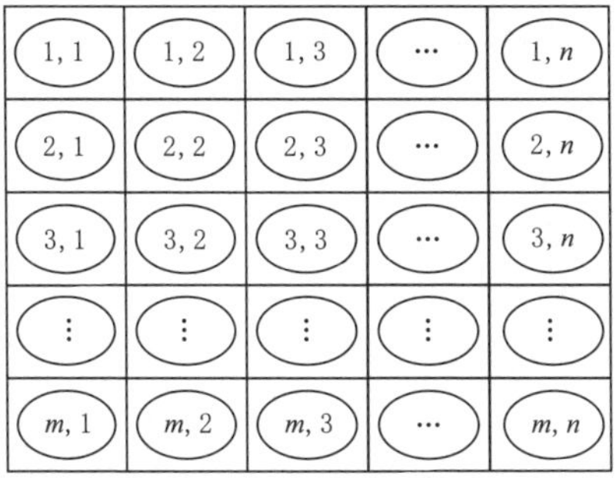

1, 1	1, 2	1, 3	⋯	1, n
2, 1	2, 2	2, 3	⋯	2, n
3, 1	3, 2	3, 3	⋯	3, n
⋮	⋮	⋮	⋮	⋮
m, 1	m, 2	m, 3	⋯	m, n

图 5-3 Agent 全局环境

（3）局部环境的定义。虽然 MAS 有一个全局环境，但是对于其中的某个 Agent，它也有一个发挥其作用的局部环境。因此，在 MAPSO 方法中如何定义局部环境是非常关键的。本章假设一个 Agent 的局部环境由与其相邻的 8 个 Agent 组成。假设一个 Agent α 位于 (i, j)，表示为 $\alpha_{i,j}$，$i=1, 2, \cdots, m$，$j=1, 2, \cdots, n$。$\alpha_{i,j}$ 局部环境 $N_{i,j}$ 定义为

$$N_{i,j}=\{\alpha_{i,j1},\alpha_{i,j2},\alpha_{i1,j},\alpha_{i1,j1},\alpha_{i1,j2},\alpha_{i2,j},\alpha_{i2,j1},\alpha_{i2,j2}\}$$
$$(5-22)$$

其中，$i_1=\begin{cases}i-1, & i\neq 1\\ m, & i=1\end{cases}$，$j_1=\begin{cases}j-1, & j\neq 1\\ n, & j=1\end{cases}$，$i_2=\begin{cases}i+1, & i\neq m\\ 1, & i=m\end{cases}$，

$j_2=\begin{cases}j+1, & j\neq n\\ 1, & j=n\end{cases}$。可以看出每个 Agent 有 8 个邻居，它们构成了一个局部环境，Agent 能够感知到它们。例如，对于 $\alpha_{2,2}$，它的邻居是 $\alpha_{1,1}$，$\alpha_{1,2}$，$\alpha_{1,3}$，$\alpha_{2,1}$，$\alpha_{2,3}$，$\alpha_{3,1}$，$\alpha_{3,2}$，$\alpha_{3,3}$。$\alpha_{2,2}$ 将与它们竞争和合作。

（4）Agent 行为策略。为了快速准确地得到最终解，每个 Agent 都有一些行为。在 MAPSO 中，每个 Agent 在全局环境中共享有用的信息。基于这些行为，本章提出了一种获得更准确结果的策略。假设 Agent $\alpha_{i,j}$ 的搜索空间用 $\alpha_{i,j}=(\alpha_1, \alpha_2, \cdots, \alpha_N)$ 来表示，其中 N 是该 Agent 的维度。使用 $M_{i,j}$ 表示局部环境中适应度值最小的 $\alpha_{i,j}$。如果满足式（5-23），则 Agent 的位置 $\alpha_{i,j}$ 保持不变；否则，根据式（5-24）调整粒子位置，寻找适应度值较小的解。

$$f(\alpha_{i,j})\leqslant f(M_{i,j}) \qquad (5-23)$$
$$\alpha'_{i,j}=M_{i,j}+rand(-1,1)\cdot(\alpha_{i,j}-M_{i,j}) \qquad (5-24)$$

可以看出，调整粒子的位置不仅可以保持原有的有效信息，还可以吸收局部环境中其他 8 个 Agent 的信息，获得适应度值较小的解。

（5）MAPSO 具体步骤。MAPSO 算法具体实现步骤如下，如图 5-4 所示。

第 1 步：输入 MAPSO 参数，包括最大迭代次数、PSO 惯性变量、加速度系数等，定义变量的上下限。

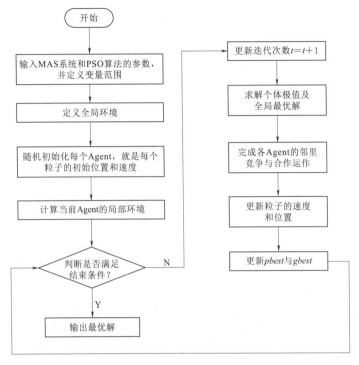

图 5-4 MAPSO 算法的具体步骤

第 2 步：定义一个全局环境 $m \times n$。

第 3 步：随机初始化每个 Agent，即每个粒子的初始位置和速度。

第 4 步：根据式（5-22）计算当前 Agent 的局部环境，即 Agent 的 8 个邻居。

第 5 步：更新迭代次数 $t = t + 1$。

第 6 步：得到个体极值和全局最优解。然后计算各 Agent 的适应度值，得到局部和全局最优解。

第 7 步：根据式（5-23）和式（5-24）对各 Agent 进行竞争与合作操作。

第 8 步：根据式（5-19）和式（5-20）更新粒子的速度和

107

位置。

第 9 步：计算每个粒子的适应度，根据适应度更新个体极值和全局最优值。

第 10 步：不满足迭代终止条件，返回第 5 步；否则，继续执行第 11 步。

第 11 步：输出最优 Agent。

5.4 算例分析

5.4.1 数据收集

某新能源公司计划在某工业园区建设一个并网的电动汽车充电站，并配备光伏系统和储能系统作为能源供应。计划建设的充电桩的数量是 10。为了使光伏、储能、充电站、电网节点之间通过最优的容量配置和能量管理策略，实现价值链价值最大化，需要确定光伏系统、储能系统的建设规模以及各节点的运行策略。假设系统的生命周期为 25 年，系统参数见表 5-1，每小时的光照强度如图 5-5 所示。

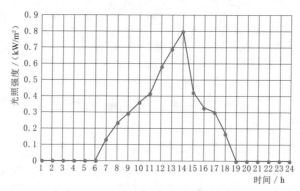

图 5-5 太阳辐射

MAPSO 的种群大小通常由问题的复杂性决定。考虑到优化效率与结果之间的平衡，本章将种群大小设为 25，全局环境的

表 5 - 1
系 统 参 数

组件	参 数	单位	值
光伏系统	额定功率	kW	1
	建设成本	元/kW	10000
	维护成本	元/年	35
	生命周期	年	25
	能源转换率（η_{PV}）	%	85
	标准情况下光伏板温度	℃	25
	温度系数	—	0.0045
	正常工作温度（NOCT）	℃	55
储能系统	额定功率	kWh	1.2
	建设成本	元/kW	1890
	维护成本	元/年	35
	置换成本	元/kW	1750
	放电深度（DOD）	%	20
	自放电系数	%	0.2
	生命周期	年	10
经济参数	利率	%	6
	残值系数	%	10

大小设置为 8×8，优化问题的最大迭代次数设置为 200。实验表明，当 c_1 和 c_2 为常数时，通常情况下 $c_1 = c_2 = 2$ 时，可以得到满意的解。MAPSO 参数见表 5 - 2。

表 5 - 2
MAPSO 参 数

种群大小	最大迭代次数	c_1	c_2	$w_{\max}$	$w_{\min}$	全局环境
25	200	2	2	0.9	0.4	8×8

5.4.2 电动汽车充电负荷模拟

传统的电池充电主要以恒流充电和恒压充电两种方式进行。

第一阶段是恒流充电，其中电流保持不变，并且电压将随着电池组的电动势的逐渐增加而增大。第二阶段是恒压充电，电压保持不变，充电电流逐渐减小为 0。在模拟电动汽车充电功率之后，获得拟合曲线。第一阶段的充电功率保持在 3.56kW，第二阶段的充电功率为 $P=0.39+2.66\exp$（$-t/14.01$），其中 t 是恒压充电阶段的持续时间，并假设第二阶段的总时间为 60min。

实际上，电动汽车充电时间受剩余容量、车辆负载、距离、道路状况和其他随机因素的影响。然而，随着样本量的增加，充电时间成为由许多随机因素决定的事件。根据大数定律和中心极限定理，电动汽车的充电时间大致服从正态分布。通过现有其他充电站的模拟统计数据，可以得出充电站电动汽车充电时间基本符合 $N(123，17.42)$ 的正态分布，即平均充电时间为 123min。

在电动汽车充电模拟模型中，我们假设电动汽车到达充电站充电模式与小型车辆到达加油站加油一样。因此，通过在历史数据库中调用进入加油站的车辆数据后，可以获得每小时到达的电动汽车数量。假设所有充电桩最初都是空的，并且能够满足每小时到达的电动汽车的充电功率，计算可得每小时的电动汽车充电负荷，如图 5-6 所示。

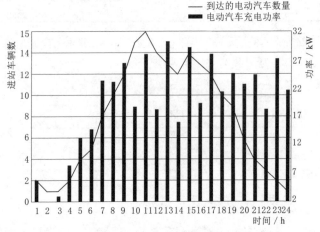

图 5-6　电动汽车充电负荷

5.4.3 模拟结果和分析

本章提出的模型将度电成本作为目标，光伏、储能的容量以及各节点的运行功率作为决策变量，探讨如何优化光伏、储能、充电站、电网四个节点之间的价值共创能力。本节将模拟以下三种情景并分析模拟结果。

情景1：价值链中不考虑光伏节点。电动汽车充电的负荷电量仅由电网和储能系统提供。在这种情况下，决策变量是电池数量、每小时充放电功率和电网交换电功率。

情景2：价值链中不考虑电网节点。负荷仅由光伏和储能系统进行供电，即为离网运行的情况。此时，决策变量是光伏系统容量和蓄电池的数量。

情景3：价值链中考虑所有节点，即基本情景。光伏、储能和电网将共同为电动汽车供电。决策变量是光伏系统容量、蓄电池的数量、每小时的充放电功率和电网交换电功率。

5.4.3.1 情景1

在这种情况下，电动汽车的充电功率仅由电网和储能系统提供。使用MAPSO算法进行优化分析，结果表明，当蓄电池数为50时，获得最优度电成本，即0.85元/kWh，优化结果见表5-3。最优的电池充放电功率和电网交换电功率如表5-4和图5-7所示。其中，电网功率为正值表明充电站从电网购买电量，而负值表明充电站会向电网出售多余电量；蓄电池功率的正值表示此时系统处于放电状态，而负值表示系统处于充电状态。通过计算与电网交换的电量，可以得出，电网购电量为461.84kWh，向电网售出电量为41.61kWh，电网交换总成本为221.89元/天。

5.4.3.2 情景2

在此情景中，电网节点不参与光伏-储能-充电站价值链的运行，相当于处于离网状态，负载需求由光伏和储能提供。此时，决策变量为光伏系统容量和蓄电池数量，优化结果见表5-5。结论可得当$N_{PV}=65.4$且$N_{BESS}=164$时，情景2具有最低的度

表 5-3　　　　　　　　　情景 1 优化结果

参　数	值
电池数量	50
购电电量/kWh	461.84
售电电量/kWh	41.61
度电成本/(元/kWh)	0.85
电网购电成本/元	221.89

表 5-4　　　　　　　　充放电以及电网交换电功率

时间	电网功率/kW	储能功率/kW	时间	电网功率/kW	储能功率/kW
1：00	3.339	2.483	13：00	30.047	0.288
2：00	−38.560	40.579	14：00	7.458	8.415
3：00	29.380	−26.450	15：00	23.247	5.837
4：00	6.590	1.775	16：00	30.547	−11.223
5：00	28.941	−15.858	17：00	17.477	10.522
6：00	15.971	−1.039	18：00	35.097	−13.710
7：00	23.696	−0.306	19：00	18.554	6.068
8：00	0.319	22.851	20：00	−3.052	25.673
9：00	8.296	18.215	21：00	10.001	14.474
10：00	25.603	−6.946	22：00	19.187	−1.028
11：00	38.716	−10.794	23：00	35.452	−8.264
12：00	42.521	−24.234	24：00	11.402	10.123

电成本，即 1.46 元/kWh。与情景 1 相比，电池数量从 50 显著增加到 164，目标值也从 0.85 元/kWh 增加到 1.46 元/kWh。可以看出，与情景 2 相比，情景 1 的价值共创能力更强。

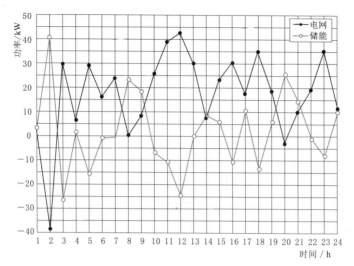

图 5 - 7　情景 1 电网和储能功率

表 5 - 5　　　　　　　　　情景 2 优化结果

参　数	值
电池数量	164
光伏模块数量	65.4
度电成本/(元/kWh)	1.46

5.4.3.3　情景 3

在此情景中，光伏、储能、充电站和电网节点共同协作，确定光伏和储能的容量以及节点运行策略能够获得最优的经济效益。此时，决策变量为光伏和蓄电池的个数，蓄电池和电网的功率。经过 MAPSO 迭代，得到最优结果见表 5 - 6。充放电功率和电网交换功率如表 5 - 7 和图 5 - 8 所示。结果表明，向电网销售的电量为 501.639kWh，向电网购买的电量为 209.523kWh。与电网交换电能的总成本为－133.871 元，这意味着在本情景中，可以从电网每天获利 133.871 元。

在情景 3 中，度电成本为 0.623 元/kWh。与情景 1 相比，虽然电池数量变化不大，但目标值降低了 0.22 元/kWh，说明系

113

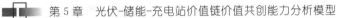

表 5 - 6　　　　　　　情景 3 优化结果

参　数	值
电池数量	53
光伏模块数量	149.521
购电电量/kWh	209.523
售电电量/kWh	501.639
度电成本/（元/kWh）	0.623
电网购电成本/元	133.871

统中安装光伏发电设备可以促进与电网的交互。充电站可以向电网出售多余的电量，从而减少度电成本。此外，与情景 2 相比，情景 3 中的度电成本减少了 131.01%，可见，当断开与电网连接时，系统成本显著增加。这时电动汽车充电负荷只能由光伏和储能提供，特别是当光照强度为 0 时，光伏功率几乎为 0，负荷需求只能由蓄电池来满足。因此，情景 2 中的电池数量高达 164。此外，电池寿命较短，使用期间必须多次更换。因此，情景 2 中的系统度电成本高达 1.46 元/kWh。

表 5 - 7　　　　　充放电功率和电网交换电功率

时间	电网功率/kW	储能功率/kW	时间	电网功率/kW	储能功率/kW
1：00	1.182	4.640	13：00	−70	−2.934
2：00	−42.397	44.416	14：00	−70	−33.74
3：00	50	−47.07	15：00	−29.598	−4.715
4：00	−10.574	18.939	16：00	−51.071	21.353
5：00	32.155	−19.072	17：00	−5.966	−11.091
6：00	14.554	0.378	18：00	6.478	−10.21
7：00	3.992	−0.538	19：00	10.212	14.41
8：00	−20.74	8.025	20：00	−8.006	30.628
9：00	−43.339	25.990	21：00	19.529	4.947
10：00	−32.006	−3.563	22：00	29.464	−11.305
11：00	−43.397	9.119	23：00	41.96	−14.771
12：00	−70	0.568	24：00	−4.55	26.077

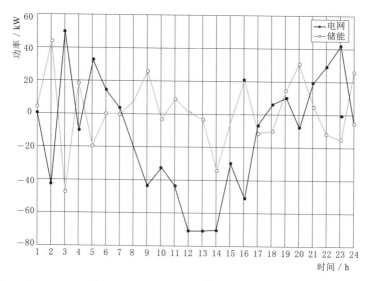

图 5-8　情景 3 电网和蓄电池功率

从以上分析可以得出，与前两个情景相比，情景 3 的目标值最低，这表明经过本章节构建的优化模型获得的建设方案能够使光伏-储能-充电站价值链价值共创能力达到最优。而且，多节点协同合作不仅可以提高供电灵活性，缓解供电压力，而且可以降低投入成本。

5.4.4　方法比较分析

5.4.4.1　结果准确性比较

为了验证 MAPSO 对 PSO 的改进效果，本章节分别使用 MAPSO 和 PSO 进行了 20 次优化。结果对比见表 5-8。

从上表可以看出，对于情景 1，MAPSO 计算的目标平均值为 0.874 元/kWh，比 PSO 算法的 0.896 元/kWh 低 0.2 元/kWh。利用 MAPSO 得到的最优解和最差解均优于 PSO。此外，在情景 1 中，MAPSO 获得的电池数量为 50 个，

表 5 - 8 　　　　　　　　　MAPSO 和 PSO 结果对比

情景	方法	最优值 /（元/kWh）	均值 /（元/kWh）	最劣值 /（元/kWh）	标准差
情景 1	PSO	0.868	0.896	0.934	0.032
	MAPSO	0.852	0.874	0.901	0.024
情景 2	PSO	1.460	1.460	1.460	0
	MAPSO	1.460	1.460	1.460	0
情景 3	PSO	0.658	0.687	0.702	0.019
	MAPSO	0.623	0.634	0.664	0.013

而 PSO 方法的结果为 54 个。可以看出，MAPSO 算法更加有效。

在情景 2 中，决策变量为光伏和蓄电池的数量，如果确定了这两个变量，就可以得到蓄电池的充放电方式。因此，该情景的计算量小于其他情景，使得优化问题的求解基本一致。两种算法的度电成本均为 1.46 元/kWh。

在情景 3 中，MAPSO 算法 20 次仿真后得到的目标最优解为 0.623 元/kWh，比 PSO 算法的最优解低 0.035 元/kWh。MAPSO 得出的平均解为 0.634 元/kWh，最差解为 0.664 元/kWh，均优于 PSO 算法。此外，在 20 次仿真中，MAPSO 得到的光伏模块数量为 149.521，蓄电池数量为 53，PSO 得到的光伏模块数量和蓄电池数量分别为 150 和 59。通过以上分析，可以得出 MAPSO 算法比 PSO 算法具有更好的搜索结果，具有更强的搜索能力。

标准差可以反映数据集的离散程度，标准差越小，结果值偏离均值的程度越小。标准差可以反映算法的稳定性和鲁棒性。由表 5 - 8 可知，在情景 1 和情景 3 中，MAPSO 算法的标准差小于 PSO 算法的标准差，说明 MAPSO 具有更强的稳定性和鲁棒性。

5.4.4.2　收敛速度比较

为了证明 MAPSO 算法能够快速收敛，给出三种情景下

MAPSO 和 PSO 的收敛过程，如图 5-9 所示。

在图 5-9（a）中，MAPSO 算法经过 81 次迭代后找到最优解，PSO 算法在第 98 次迭代时达到最优解。在图 5-9（b）中，MAPSO 算法在第 6 次迭代中达到最优解，PSO 在第 92 次迭代

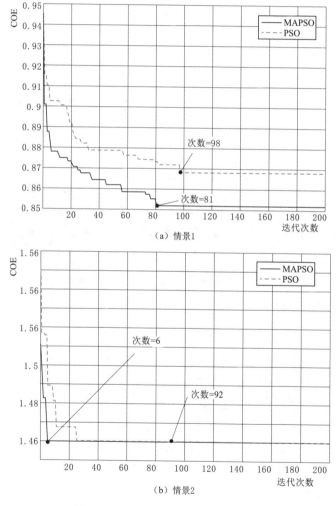

图 5-9（一） 各情景收敛过程示意图

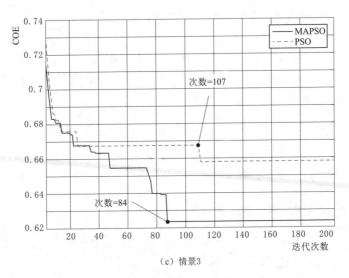

（c）情景3

图 5-9（二）　各情景收敛过程示意图

中寻找最优解。在图 5-9（c）中，MAPSO 算法和 PSO 算法分别在第 84 次迭代和第 107 次迭代中寻找最优解。PSO 算法的机制可以促进 Agent 之间信息的快速传输。对比结果表明，MAPSO 算法具有较强的搜索能力，能够快速收敛。

5.4.5　对策建议

光伏-储能-充电站价值链的形成能够集成光伏系统、储能系统和电动汽车充电系统，运用分布式光伏能源代替大电网发电，不仅提高了光伏发电的利用率，而且能够减轻大规模电动汽车并网对大电网的影响。为了促进节点之间的协同运行，提高节点间的价值共创能力，根据优化模型的结果提出如下建议：

（1）光伏-储能-充电站价值链的发展需要进行科学的资源配置，能够在有限的资源条件下获得更高的价值，实现经济上的可持续发展。在进行资源分配时，需要考虑到节点之间的作用关系，本章提出的优化模型能够为光伏-储能-充电站的建设提供相应的理论支持。

（2）光伏-储能-充电站方案能够替代传统的电动汽车充电站，从情景分析中可以看出，当光伏系统、储能系统、充电站和电网协同运行时，可以实现光伏发电自发自用，余电上网，能够实现经济效益的最大化，达到价值共创能力的最优表现。因此，政府应当制定相应的激励政策，增加政府补贴，鼓励光伏-储能-充电站的建设。

（3）在光伏-储能-充电站价值链价值共创的过程中，节点的运行策略对价值共创能力也具有较大的影响，根据电价确定储能系统运行策略和与电网交换电策略能够获取更大的收益。本章构建的优化模型能够确定最优的节点运行策略，为价值链的构建提供了理论基础，在实际的应用中，可以考虑运用实时电价得到更准确的运行策略。

5.5 本章小结

为了得到节点协同运行后的最优配置以及最优运行策略，促进光伏-储能-充电站价值链中各主体之间的协同运行，进而提升价值链的价值共创能力，本章构建了考虑各节点运行能力的价值共创能力分析模型。首先，提出了一种电动汽车充电仿真模型和光伏、储能运行模型，基于节点运行模型，以度电成本最小化作为目标，构建了相应的容量配置和能量管理分析模型；其次，结合粒子群优化模型和多智能体系统，提出了 MAPSO 算法，通过算法求解后得到了各节点协同运行下的最优配置以及最优运行策略；以某能源公司投资的光伏-储能-充电站为例，分析了所有节点参与运行、不考虑光伏节点、不考虑电网节点三种情景下的分析结果，结果表明当所有节点协同运行时，系统具有最优的价值共创能力；最后，将 MAPSO 算法与 PSO 算法进行对比，验证了 MAPSO 算法的有效性和计算精度。

光伏-储能-充电站价值链是一个多环节、多交互、多主体的复杂系统，对价值链的价值能力进行分析具有重要意义。前面的几个章节从理论分析的角度以光伏-储能-充电站价值链的价值实现、价值增值和价值共创三个角度为切入点深入分析了价值链的价值创造能力。为了便于将理论分析转化为实际工作中的应用，本章中将构建能力分析云平台，设计基于数据中台的光伏-储能-充电站价值链能力分析云平台，为使用者和决策者提供更加容易且直观的决策分析途径。

6.1　引言

光伏-储能-充电站价值链上的价值实现、价值增值和价值共创都需要各个环节和各个节点能够彼此紧密关联，通过不断地交互、不断地协同耦合、不断地信息共享实现整个价值链的价值最大化。交互、协同、耦合以及信息共享的过程对于信息流、能量流和价值流的实时性要求非常高，所以需要为上文研究的价值链的价值实现分析模型、价值增值分析模型和价值共创分析模型提供信息化的解决方案，通过信息系统的管理实现交互、协同数据的电子化、快速化，从而提升价值链上各个环节的运行效率。

信息系统是基于数学、复杂系统理论、计算机科学等学科的基础上发展而来的一门学科，价值链理论与信息技术以及其他相关理论的交叉研究是当前的一大研究热点。近年来，信息技术应用已经取得了飞速发展，随着大数据、云计算等新一代颠覆性信息技术的提出，对传统信息系统进行优化成为首要工作。通过数字化智能化的新技术提高信息系统的信息管理能力，提升系统工作效率，实现传统信息系统的数字化转型，一方面可以借助数字化创新，加快价值链上信息管理业务流程和业务模式的变革，另一方面有助于将业务信息驱动的传统信息化管理模式转变为由数据智能应用驱动的新型信息化管理模式。

随着数据采集手段、基础设施建设的不断完善，势必会形成一个以数据为中心的信息系统生态。日益增长的数字化需求、复杂的业务流程管理以及数据的分布式存储需求，迫切需要建立一个以数据为中心的数字化的信息管理系统。数据中台的概念就脱颖而出。数据中台就是建立一个全域级的、可复用的、可共享的数据资产中心和数据能力中心，使得数据资源能够实现随需所取、敏捷自助，发挥数据的最大价值，从而推动业务的实现。之后在数据中台构建的基础上，利用新一代信息技术，构建业务数据的采集、传输、存储、处理、分析、可视化结果和反馈的闭环，打造全新的、基于云平台和数字化的管理业务体系，提升系统整体运行效率。

光伏-储能-充电站价值链中各个环节存在数据获取难，数据孤立以及重复开发等问题，基于数据中台的光伏-储能-充电站价值链能力分析云平台能够实现从烟囱式多个独立平台向融合式的大数据平台的转换，通过建立统一的数据采集、数据存储、数据分析、数据处理和数据可视化等功能，降低光伏-储能-充电站价值链的运营成本。能力分析云平台的构建可以充分提高光伏-储能-充电站价值链上资源的共享程度，实现整体资源的整合优化，为光伏-储能-充电站价值链创造更多的价值实现、价值增值和价值共创能力。

6.2　光伏-储能-充电站价值链能力分析云平台架构分析

6.2.1　光伏-储能-充电站价值链数据中台构建

　　光伏-储能-充电站价值链上的光伏发电、储能系统和电动汽车充电站是三个紧密相连的利益主体，三者通过电能的产生和消耗形成一个紧密的整体。光伏发电主体中涉及光伏太阳能电池板的电能生产，而电能生产的过程需要以太阳光照辐射强度、电池板辐射面积等大量数据作为支撑，储能系统中储能电池板存在大量的充放电数据，电动汽车充电站的正常运行更是需要以电能供应数据、电动汽车负荷功率数据、储能数据等数据作为基础。光伏-储能-充电站价值链价值分析问题涵盖了价值实现能力分析、价值增值分析和价值共创能力三大方面，传统的数据独立的信息系统中，这三个功能所需的数据是彼此孤立的，不同的数据服务器通过不同的数据采集渠道将采集的数据存储到孤立的数据仓库中，从而导致数据分析模块也是彼此独立。这种烟囱式的数据独立的信息系统存在数据孤岛严重、重复开发、浪费成本等缺点。为了解决这些问题，构建数据中台就尤为必要。光伏-储能-充电站价值链的数据中台可以采用统一的数据采集模块将所有数据都存储到统一的数据中心，并建立起统一的数据分析模块，这样无论是价值链的价值实现模型、价值增值模型还是价值共创模型，都能够从数据中台中提取有用的信息，不仅实现了数据共享，而且将价值实现、价值增值和价值共创联系在一起，实现链条式管理和运营。数据独立的信息系统与数据中台对比图如图 6-1 所示。

　　（1）统一数据采集模块。数据采集主要采用物联网技术，物联网分为感知层、网络层和应用层三个层次。感知层是通过传感器、射频识别等技术实现对信息、数据的采集，网络层主要通过有线传输、无线传输等网络技术将感知层采集到的信息传输到应

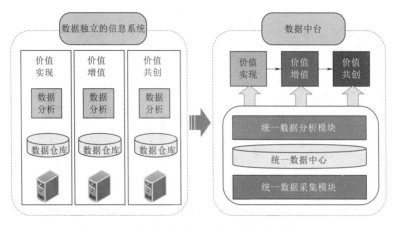

图 6-1 数据独立的信息系统与数据中台对比图

用层，应用层则是将采集的数据加以分析，最后实现落地。

（2）统一数据中心。光伏-储能-充电站价值链中涉及的数据有：与光伏发电相关的气象数据、光伏发电数据、储能系统数据、电动汽车充电功率数据、电动汽车充电站相关数据等，这些数据散落在各个利益主体，为了实现价值实现、价值增值和价值共创功能的统筹考虑，必须建立统一的数据中心。基于数据中台的光伏-储能-充电站价值链能力分析云平台三个功能的所需数据如下：

价值实现能力分析是为了衡量光伏-储能-充电站价值链的价值实现能力，因此从经济价值、社会价值和环境价值三个方面构建能力分析指标，所有需要的数据有经济价值数据、社会价值数据和环境价值数据。这些数据中有的可以用定量的手段直接获取，有的必须通过专家库开展数据收集工作。

价值增值能力分析是为了探究光伏-储能-充电站价值链价值增值能力的动因，可以界定为资源流通、节点运营、用户需求和技术创新子系统等，这些子系统在人口、经济、社会、技术、政策等要素的共同作用下保证了价值增值能力的实现与提升，所以需要的数据来自人口、经济、社会、技术、政策等方面。

价值共创能力分析是为了研究光伏-储能-充电站价值链各个

节点的资源配置和协同运行机制，通过对光伏系统发电、储能系统充放电和充电站的协同优化，计算得出价值链各个节点的容量配置和整个价值链的运行状况，需要的数据有气象数据、光伏发电数据、储能系统数据和充放电数据等。

（3）统一数据分析模块。光伏-储能-充电站价值链的价值能力分析必须对价值实现、价值增值和价值共创等环节收集到的数据进行一定的处理才能够实现特定的功能。数据分析可以借助数据挖掘、人工智能、系统动力学以及评价决策理论等一些先进的科学方法开展。

6.2.2　云平台需求分析及业务流程设计

光伏-储能-充电站价值链中的利益主体有光伏系统、储能系统和充电站，该价值链与大电网直接相连，当系统供能不足时，可以直接从大电网获取能量来源，所以大电网也属于利益主体之一。因价值链上各利益主体之间需要信息流、能量流和价值流间的不断交互，所以需要建立一系列完备有效的协同机制。基于数据中台的光伏-储能-充电站价值链能力分析云平台应满足价值实现能力分析需求、价值增值能力分析需求和价值共创能力分析需求，具体需求如下：

（1）光伏-储能-充电站价值链价值实现能力分析。价值链的价值实现能力分析从经济价值、社会价值和环境价值三方面出发，数据中台中的统一数据采集模块负责收集三方面 14 个分析指标的基础数据，通过调用统一数据分析模块中建立的基于梯形直觉模糊数和累积前景理论的价值实现能力分析模型，最终选择价值实现能力最优的投资组合方案实现光伏-储能-充电站价值链的价值创造。

（2）光伏-储能-充电站价值链价值增值能力分析。通过价值链的价值实现能力分析之后，选择出价值实现能力最优的投资组合方案，然后分析价值链价值增值能力影响因素，探究出价值链价值增值的内在机理、提升机制和优化策略。最后运用统一数据分析模块中的系统动力学模型对价值链的优化策略进行仿真模拟，达到优化价值链增值能力的目的。

（3）光伏-储能-充电站价值链价值共创能力分析。如何合理的实现光伏-储能-充电站价值链上各个环节的资源配置和协同优化是各节点价值共创能力的关键。价值链价值共创功能包含电动汽车功率预测、光伏和储能定容以及价值链能量管理等几个子功能：①电动汽车功率预测是光伏-储能-充电站价值链能力分析云平台价值共创模块中一个非常重要的功能。电动汽车功率预测受电动汽车出行规律等的影响，具有一定的随机性，所以需要实现对功率的准确预测。②光伏系统和储能系统定容是指以价值链系统度电成本最小化为目标，分析出在价值链整体成本最小的前提下的最优的价值链各系统配置。③价值链各环节能量管理是指能力分析云平台通过数据中台采集到的各系统实时运行数据，通过调用统一数据分析模块中的基于多智能体粒子群分析算法，实现最优的能量流分配。基于数据中台的光伏-储能-充电站价值链能力分析云平台业务流程如图6-2所示。

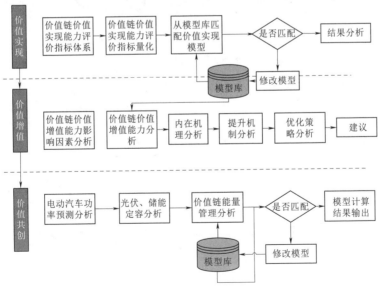

图6-2 基于数据中台的光伏-储能-充电站价值链能力分析云平台业务流程

6.3 光伏-储能-充电站价值链能力分析云平台架构设计

6.3.1 能力分析云平台设计原则

基于数据中台的光伏-储能-充电站价值链能力分析云平台需要按照科学和规范的管理原则，通过对各个数据源管理数据的处理以及对价值链的整体分析，为光伏-储能-充电站价值链投资者、运营者和管理者的决策提供依据。能力分析云平台设计的任务是将信息系统的逻辑模型转化为物理模型，为了使所开发的信息系统能够满足实际价值链管理的需求，可以将设计原则分为以下几点：

1. 系统性

本章提出的能力分析云平台中涉及多个利益主体，为充分权衡各个利益主体之间的利益分配问题，平台的设计要站在整体系统的角度考虑，要关注到价值链的整体性，避免局部考虑。

2. 共享性

光伏-储能-充电站价值链能够形成是以各个利益主体愿意分享其信息为前提条件的，所以能力分析云平台的构建一定要充分考虑如何建立共享机制和透明机制，鼓励利益主体之间愿意分享自身的数据，达到能量流、信息流和价值流的交互，打破以往的信息孤岛。

3. 安全性

因本平台会收集到各个利益主体的核心数据以及价值链价值分析的核心功能模型，所以平台最重要的一个问题就是安全的问题。本平台在安全等级、交叉验证、网络安全、权限控制等多个环节采用有力措施，保证平台的整体安全性。

4. 经济性

虽然光伏-储能-充电站价值链的价值实现、价值增值和价值共创能力分析模型均是基于云计算平台实现,无需自行搭建系统,但是经济性仍是价值链中的决策者和管理者需要考虑的一个重要因素。所以针对云平台上的核心租赁服务,也应当慎重抉择。

6.3.2 能力分析云平台结构设计

基于数据中台的光伏-储能-充电站价值链能力分析云平台的设计理念主要是基于决策支持系统理论的设计原则。由于光伏-储能-充电站价值链价值分析需要基于大量的实时采集数据、历史数据、专家库数据等多方面、多源的原始数据,实时准确快速的数据处理成为价值链价值分析的基础,所以引入数据中台的概念,实现数据的统一采集、统一存储和统一分析,保证了数据的全面性。对这些海量的数据建立一种有效且安全的信息共享机制,可以促进价值链中各个节点、各个环节和各个利益主体的协同合作,促进信息和数据的共享,从而提升光伏-储能-充电站价值链的价值能力。基于数据中台的光伏-储能-充电站价值链能力分析云平台体系结构图如图 6-3 所示。

光伏-储能-充电站价值链能力分析云平台需要适应动态实时的电动汽车充电需求,应当构建一个多层次、多途径、多功能的平台应用框架,框架中不同的层级需要实现不同的平台需求功能。根据上述设计原则,本章中将基于数据中台的光伏-储能-充电站价值链能力分析云平台总体应用架构划分为四个层次,如图 6-4 所示。框架自下而上分别为云平台基础设施层、云平台资源共享层、云平台数据处理层和云平台应用层。

由图 6-4 可以看出,四个层次之间相互关联、相互协同,云平台应用层、云平台数据处理层和云平台资源共享层实现整个云平台的核心功能,云平台基础设施层为云平台提供网络与通信服务、系统硬件和系统软件,并通过云服务设备实现了云平台的资源共享。

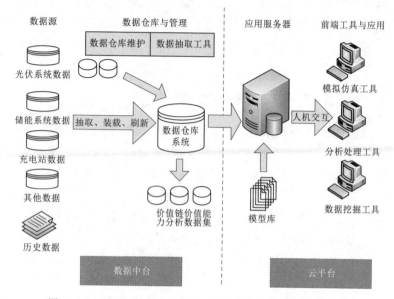

图 6-3　基于数据中台的光伏-储能-充电站价值链能力分析
云平台体系结构图

6.3.3　能力分析云平台模块设计

根据以上对基于数据中台的光伏-储能-充电站价值链能力分析云平台的需求分析以及系统结构设计分析，本章节构建的能力分析云平台系统共包含以下模块：

1. 数据中台模块

数据中台模块的主要功能是通过统一的模式为能力分析云平台提供统一的数据采集模块、统一的数据存储以及统一的数据分析功能，通过采集大量的实时数据和历史数据为云平台应用功能的实现提供支撑。

2. 能力分析模型库模块

能力分析模型库模块的主要功能是为能力分析云平台功能的实现提供决策优化依据，该模块包括实现对所建立的数学模型的

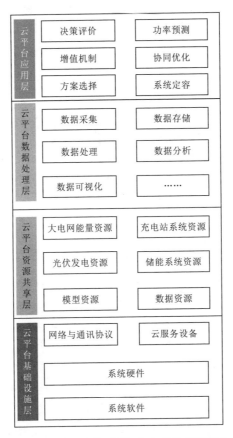

图 6-4 基于数据中台的光伏-储能-充电站价值链能力分析云平台
总体应用架构图

定义、调用以及改进等操作，涉及价值链价值实现能力分析的基于梯形直觉模糊数和累积前景理论的评价模型、价值链价值增值能力分析的系统动力学分析模型、价值链价值共创能力分析的基于多智能体的多目标粒子群优化模型等其他模型。

3.云平台业务逻辑管理模块

业务逻辑管理模块的主要功能是为数据与平台仿真运算之间提供支撑，它是一个中间模块，这个模块相对而言比较复杂，需要通过一定的通讯规则为价值链能力分析云平台的数据中台模块和仿真模拟模块建立联系。

4.仿真模拟运行模块

仿真模拟运行模块对于任何一个信息系统平台都是最为核心的一个功能模块，该模块为基于数据中台的光伏-储能-充电站价值链能力分析云平台提供了重要的决策分析功能，包括算法模拟、仿真参数设定、分析结果可视化等功能。

5.云平台系统管理模块

云平台系统管理模块主要提供云平台的权限管理、系统用户管理、系统初始化管理等平台的基础管理功能，保障云平台的正常稳定运行。

6.3.4 能力分析云平台功能设计

光伏-储能-充电站价值链能力分析云平台功能如图 6 - 5 所示，平台具有数据管理、价值链价值实现、价值链价值增值、价值链价值共创和系统管理等部分功能，这些功能中又包含若干个子功能，以下将具体介绍。

6.3.4.1 价值能力分析数据管理

数据管理的对象主要是光伏发电电池板状态、实时气象数据、储能系统电池板充放电状态、充电站的充电车辆功率状态、充电站充电桩状态以及与大电网交互的状态等，需要指出的是这里的状态并不单指设备工作/不工作的开关状态，还包括其他的工作数值，如光伏出力大小、储能充放电数值、电动汽车充电功率等。除了这些需要实时监测的数据外，在价值链价值分析评价时还需要用到一些历史数据专家数据，所以要相应地构建出历史数据库和专家数据库，其中历史数据库包括光伏光照强度历史数据等，专家数据库包括专家的历史经验等。数据管理包括数据采集、数据导入、数据编辑、数据删除、数据备份和数据恢复等功能。

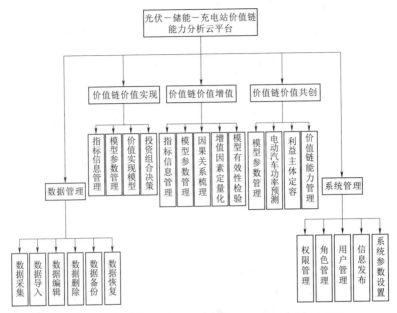

图 6-5 光伏-储能-充电站价值链能力分析云平台功能图

6.3.4.2 价值实现功能设计

光伏-储能-充电站价值链价值实现部分包含价值链价值实现能力分析指标体系构建、能力分析模型构建以及光伏-储能-充电站价值链的投资组合决策支持分析等功能,通过这些功能,最终为价值链价值主体或者管理决策者提供决策支持。

(1) 价值链价值实现分析指标体系构建。为了衡量光伏-储能-充电站价值链的价值实现能力,必须从多方面、多维度、多主体出发,建立一个完整的价值链价值实现能力分析指标体系。本书中理论研究部分从经济价值、社会价值和环境价值三个方面入手构建了一个涵盖 14 个指标的指标体系,但影响光伏-储能-充电站价值链价值实现的指标可能远远不止这三个方面的 14 个指标,能力分析云平台提供了指标体系的增、删、改功能,丰富了对价值实现能力的分析。另外,需要指出的是云平台中建立的评价指标体系有定量和定性之分，定量指标可以通过数据中台中历史数据及实时数据监测获取，定性指标可以通过专家数据库获取。

（2）价值链价值实现能力分析模型构建。指标体系构建之后，伴随而来的就是分析方法的选择，目前，评价和决策理论存在很多种，如何挑选出一个适合所构建的指标体系的分析方法也是云平台的主要功能之一。本书中采用的是一种基于梯形直觉模糊数和累积前景理论的分析模型，但随着指标体系的增多或者更多新的评价理论提出，可以通过建立的能力分析云平台对价值链价值实现分析模型进行不断的改进和完善，以确保分析指标的准确性和科学性。

（3）价值链价值实现投资组合决策支持分析。投资组合决策支持分析的主体是指不同的光伏、储能和充电站投资组合，投资组合可以依据价值链所处的规模、地理位置等因素不断增加，本书根据地理位置的不同提出了 10 个不同的投资组合方案，通过能力分析云平台构建的分析指标体系及分析模型，可以选择出最佳的投资组合，即确定出价值实现能力最强的投资组合方案，从而为投资者、管理者提供最理想的项目方案选择，这也是能力分析云平台的主要功能之一。

6.3.4.3　价值增值功能设计

光伏-储能-充电站价值链的价值增值部分包含价值链价值增值因果关系分析、价值增值能力系统动力学分析以及模型有效性检验等功能，通过这些功能，根据分析结果，最终形成价值链价值增值的政策建议，为价值增值提供支撑。

（1）价值链价值增值因果关系分析。在深入探讨光伏-储能-充电站价值链的构成与运行模式的基础上，从技术、管理、资源、市场、创新等众多方面，拟定资源流通子系统、节点运营子系统、用户需求子系统与技术创新子系统，这四个不同的系统中还会存在多种不同的因素，存在多种影响和被影响关系，能力分析云平台的功能就是对这些因素建立因果关系。

（2）价值链价值增值系统动力学分析。在得到光伏-充电站价值链价值增值各子系统因果关系图的基础上，能力分析云平台会通过软件接口调用系统动力学分析软件，根据变量之间的关系，得到系统流图，并建立变量方程，实现系统的定量分析，并通过数据中台中的数据可视化功能，将这些定量分析的结果形象的表示出来。

（3）价值链价值增值模型有效性检验。一个合理的模型能够保证仿真结果的准确性，所以必须开展模型的有效性检验。模型的有效性检验实际上就是实际数据与仿真数据的对比分析，获取到准确的实际数据与训练数据就非常重要，必须通过数据中台获取大量的历史数据，并建立起历史数据集，方便云平台调用。

6.3.4.4 价值共创功能设计

光伏-储能-充电站价值链的价值共创部分包含了电动汽车充电功率预测、光伏和储能系统的容量配置、价值链各利益主体的能量管理等功能，通过功能实现光伏-储能-充电站价值链上多个节点之间的能源和信息协同，通过合理的资源配置和能量管理，提升价值链的价值共创能力。

（1）电动汽车充电功率预测。电动汽车充电功率预测是价值链价值共创分析的一个前提。数据中台的统一数据采集平台会收集每个时刻充电站的在充电动汽车数量，电动汽车一旦介入到充电站中，会立即将电动汽车目前的 SOC 值反馈到能力分析云平台中，云平台通过计算就可以模拟计算出该时刻的充电站的输出功率，并可视化展示。

（2）光伏和储能系统的容量配置。对价值链中光伏系统和储能系统两个主要主体进行合理的容量配置能够在满足整个光伏-储能-充电站价值链正常运转的前提下，节约成本、缓解对环境的污染，所以光伏和储能系统的容量配置是该能力分析云平台的核心功能之一。在云平台实现电动汽车充电功率预测的基础上，以光伏发电数据、电动汽车功率数据等为输入，以度电成本为优化目标，计算出整个价值链的最优容量配置。

（3）价值链的能量管理。价值链中的光伏发电主体、储能主体、充电站主体和大电网主体需共同协作，满足价值链的供需平衡，这就需要云平台能够在一定的目标前提下，制定出最优的能量调度策略。因为这些主体的功率输出是实时变动的，所以对于数据收集、算法和软件操作实时性要求特别高，所以能力分析云平台的构建能够促进价值链实时能量管理的实现，提高光伏-储能-充电站的价值链价值共创能力。

6.3.4.5 能力分析云平台系统管理

能力分析云平台的系统管理包括权限管理、角色管理、用户管理、信息发布和系统参数设置等功能。这些通用功能能够对系统进行最基础的、不涉及核心功能的设置，不同权限、不同用户、不同角色也会具有不同的对云平台的操作动作。

6.4 能力分析云平台云服务模式设计

光伏-储能-充电站价值链能力分析云平台是以云计算技术为依托，通过对光伏、储能、电动汽车、大电网等多方利益主体进行数据监测、数据采集、数据分析、数据可视化等处理过程，提升价值链的价值创造能力。光伏-储能-充电站价值链通过云共享模式进行价值能力分析，能够使价值链各主体实现资源共享、信息互通、价值共创。

6.4.1 能力分析云平台云服务模式架构

云计算是指在某个软件执行任务的过程中，用到的计算资源不是通过主板连接，而是以某种通信协议的方式与网络相连的一种模式。一个完整的云计算环境由云端、计算机网络和终端三个部分组成，即云、管、端三个层级，如图6-6所示。云端主要负责软件的计算，是一种计算设备，也就是说用户或者消费者不需要部署任何设备、网络或者软件等，直接可以使用云端的软件进行计算；终端即开展信息输入或者信息输出的设备；计算机网络是一个中间层级，它通过感知、数字化和智能化等技术开展信息的传输，可以将终端的输入指令快速准确的传到云端，相反，也能够将在云端通过计算形成的输出指令结果反馈给终端，是一个传递的桥梁。

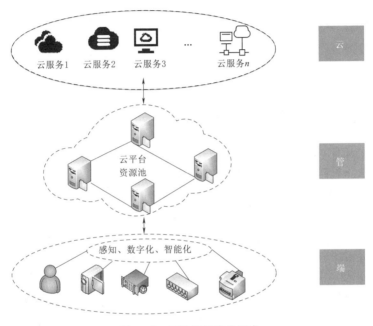

图 6 – 6　云计算环境的组成

　　云计算技术提供了一种按需所取的、租赁的服务模式，该模式在信息化平台的建设中非常适用，尤其是需要各个主体不断交互的信息平台。通过云服务模式，各主体不需要单独部署网络设施、硬件以及安装软件，所有的主体均通过云平台实现互联和资源的公用。光伏-储能-充电站价值链能力分析云平台云服务模式总体架构的相关内涵为：①对多方利益主体的功能需求实时响应、及时反馈是光伏-储能-充电站价值链能力分析云平台云服务模式所要达成的目标；②价值链能力分析云平台云服务模式的构建需要基于大数据技术、数据中台概念、云计算技术和人工智能技术等一系列高新信息技术；③光伏-储能-充电站价值链能力分析云平台云服务模式中涉及多个相关的利益主体，包括光伏发电系统、储能系统、充电站、电动汽车、大电网等；④光伏-储能-充电站价值链能力分析云平台的主要功能是对光伏-储能-充电站价值链的价值实现能力、价值增值能力和价值共创能力进行深入研究，从而提升整个价值链的价值创造能力。

光伏-储能-充电站价值链能力分析云平台云服务模式具有如下3个特点：

（1）智能化。大数据环境下光伏-储能-充电站价值链日益复杂，数据量与日俱增，一条完整的价值链难免会跨主体、跨利益，对这个复杂的整体开展协同创新研究，就离不开智能技术的支撑。

（2）互联化。光伏-储能-充电站价值链能力分析需要价值链上各利益主体的深入协作，在大数据时代，信息、能量以及价值只有在各个利益主体之间流动才能产生价值，这就要求价值链上各个节点的数据、信息等实现互联。

（3）网络化。光伏-储能-充电站价值链能力分析云平台云服务模式是在现代网络信息技术的基础上构建而成的，它以网络形式向多方利益主体提供在线的价值分析服务。

图6-3已经表明光伏-储能-充电站价值链能力分析云平台由数据中台和云平台构成，图6-7进一步描绘了能力分析云平台服务模式架构。

（1）**数据即服务**（Data as a Service，DaaS）。DaaS是一种云战略，它能够保证能力分析云平台以及时的、可受保护的极其廉价的方式获取、访问到相应的数据，本章中将数据中台与DaaS设计在一起，一是确保数据之间的互通性，实现云平台数据的交互和共享；二是节约数据成本，降低价值链的消耗；三是通过DaaS服务可以按需索取数据中台采集到的、处理后的数据，确保可以将数据提供给不同的利益主体，以实现不同的业务需求。

（2）**基础设施即服务**（Infrastructure as a Server，IaaS）。

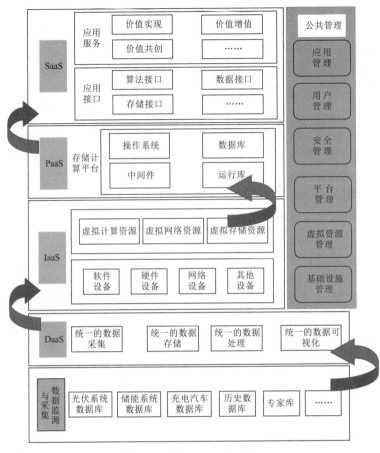

图 6-7 云平台服务模式架构

IaaS 是提供虚拟计算资源、虚拟网络资源、虚拟存储资源、软硬件、网络设备等服务，IaaS 最大的特点就是简便灵活，该层属于云计算的特定资源。数据采集及分析之后，需要通过调用能力分析云平台的 IaaS 层运行软件。

（3）平台即服务（Platform as a Server，PaaS）。Paas 是云服务模式架构的中间层，包括操作系统、数据库、中间件等部分，这些部分均具有较强的灵活性和可扩展性，能够更有效地构

137

建光伏-储能-充电站价值链能力分析平台云服务模式架构。

（4）软件即服务（Software as a Server，SaaS）。SaaS 是云服务模式架构的最顶层，由应用服务和应用接口两部分组成，该层最主要的功能即为使用 SaaS 的方式实现光伏-储能-充电站价值链的价值实现、价值增值和价值共创等能力分析。

6.4.2　能力分析云平台的运行机制优化策略

光伏-储能-充电站价值链能力分析云平台的高效运行需要对各个主体进行有效整合，并对云平台内部的安全机制、沟通机制、服务机制和运行机制等开展优化，确保光伏-储能-充电站价值链能力分析云平台能够满足各个利益主体的需求，提升价值创造能力。它的运行机制优化策略体现在以下四个方面：

（1）光伏-储能-充电站价值链能力分析云平台的安全机制。作为一个多方利益主体协同使用的管理平台，为充分保证各个主体的利益，光伏-储能-充电站价值链能力分析云平台的安全体系必须得到充分的保障，只有这样平台才能够平稳有序运行。光伏-储能-充电站价值链能力分析云平台的安全体系涉及网络安全、信息安全、数据安全、物理硬件安全等多个方面，该平台的建立需要对涉及的安全体系进行深入分析，从业务流程、运行机制等方面出发，建立一个多层次、多维度、多预防措施的安全生态体系。

（2）光伏-储能-充电站价值链能力分析云平台的沟通机制。因为光伏-储能-充电站价值链中涉及多个利益主体，所以在这些利益主体之间建立一个高效可行的沟通机制至关重要。从物理层面而言，利益主体之间的沟通主要通过能力分析云平台的网络协议，即"云-管-端"的中间环节计算机网络，故通过计算机网络技术实现信息交流必不可少，因此需要选择稳定的、吞吐量大、可靠性强的软硬件保证沟通的时效性；从沟通本质而言，利益主体之间的有效沟通是建立在利益共享的基础之上，即一定要保证各利益主体均是收益方，这就需要对整个价值链条进行优化，分析不同主体的需求，不同类型用户的价值期望，确保沟通的主动性和能动性。

（3）光伏-储能-充电站价值链能力分析云平台的服务机制。光伏-储能-充电站价值链能力分析云平台的核心内容是提供共享服务，基于技术架构基础构建光伏-储能-充电站价值链能力分析云平台的同时，需要建立对应的有效的服务机制，从各个数据来源的数据采集、数据存储、数据处理和数据分析等过程入手，对各个过程和功能进行合理设置，确保服务的满意性。

（4）光伏-储能-充电站价值链能力分析云平台的运行机制。光伏-储能-充电站价值链能力分析云平台是依托于云计算技术、大数据技术的数据高速处理、资源共享的信息化平台，根据平台的架构来制定合理的运行机制实现光伏-储能-充电站价值链上价值创造是关键所在。通过合理有效的平台运行机制，最大限度地发挥价值链各利益主体的优势，方可在信息化环境下实现资源实时共享。

6.5 本章小结

本章基于光伏-储能-充电站价值链能力分析的理论研究基础，结合数据中台概念、大数据技术、云计算技术和管理信息系统相关原则，首先对光伏-储能-充电站价值链能力分析云平台架构的需求进行了分析，并形成了系统的业务流程；然后，对能力分析云平台的结构、模块和功能进行了详细设计；最后，重点介绍了云平台的云服务模式，并分析了云平台的运行机制优化策略。

第7章　研究成果与结论

　　得益于清洁无污染、无枯竭危险以及不受资源分布地域的限制等优点，光伏发电得到快速发展，但由于受气候环境因素影响较大，导致光伏发电具有很强的随机性和波动性。而储能系统的建立能够缓解光伏发电大规模并入电力系统时带来的能量不稳定问题，提高光伏的利用率。与此同时，我国电动汽车的保有量爆发式增长，电动汽车充电负荷的骤然增多对电网势必会造成一定冲击。为此，光伏-储能-充电站解决方案应运而生，形成了光伏-储能-充电站价值链。价值链上的基础活动实现了价值从无到有的创造过程；增值环节将低投入转化为高产出，完成了价值增值；多个节点之间的能源和信息流动以及协同合作促进了价值链的价值共创。为了提升光伏-储能-充电站价值链的核心能力，提升价值链整体的经济、社会、环境价值，本书以光伏-储能-充电站价值链为研究对象，分别从价值实现、价值增值和价值共创的角度分析价值链的核心能力，构建价值实现能力分析模型、价值增值能力分析模型和价值共创能力分析模型，然后在此基础上设计出光伏-储能-充电站价值链能力分析云平台架构。主要研究成果与结论如下：

　　（1）分析了光伏发电、储能系统和电动汽车充电产业现状以及存在的问题，阐述了光伏-储能-充电站价值链产生的背景，并分析了价值链上核心节点和外部节点，构建了光伏-储能-充电站价值链节点内部价值链和外部价值链，在价值活动的基础上分析了价值链的核心能力，分别为价值实现能力、价值增值能力和价值共创能力。通过研究，得出以下结论：①配备光伏和储能系统的电动汽车充电站是未来的发展趋势；②随着能源和价值流动，光伏-储能-充电站价值链能够实现价值的创造与增值；③价值实现能力、价值增值能力和价值共创能力是光伏-储能-充电站价值链的核心能力，是竞争优势的体现。

（2）构建了基于经济价值、社会价值和环境价值目标实现的分析指标体系，共有 14 个二级指标，其中包含 5 个定量指标和 9 个定性指标。为了衡量指标的数值，构建了基于梯形直觉模糊数的分析框架；运用累积前景理论得到备选方案的综合前景值，得到了单方案的综合分析结果，构建了以经济、社会和环境价值最大化为目标的分析模型。模型通过多目标粒子群算法得出了最优的方案组合，并通过算例分析验证了模型的有效性与合理性。通过研究，得出以下结论：①在所有的二级指标中，温室气体排放减少量是具有最高权重的指标，说明其重要性最高；②构建的综合分析体系能够有效地衡量光伏-储能-充电站项目的价值实现能力，得出最优的单一方案和方案组合，为管理者提供科学的决策支持。

（3）将光伏-储能-充电站价值链视为一个系统，分别从系统内部和外部的角度分析了影响价值链价值增值能力的关键因素。基于对影响因素的分析，将系统分为了资源流通子系统、节点运营子系统、用户需求子系统和技术创新子系统，分别分析了每个子系统的因果关系，并得到了系统流图，揭示了价值链价值增值能力的提升机制；通过模型的模拟仿真，检验了模型的有效性，并且分析了价值链价值增值能力随时间的发展趋势，以及政府支持政策和技术创新投入对价值增值能力的影响，最终结合仿真结果提出了针对性的对策与建议。通过研究，可以得出以下结论：①系统内部活动、系统运行能力、系统内部资源流动、系统技术创新水平、市场因素、政策法规、技术发展水平等都是影响价值链系统价值增值能力的因素；②政府前期加大投入，随着收入增长逐渐降低的政策支持策略能够对价值链价值增值产生较好的效果；③提升光伏-储能-充电站价值增值能力需要落实产业支持政策、增强核心竞争力、明确市场定位。

（4）构建了各节点运行能力的价值共创能力分析模型。对价值链上多主体的容量配置和能量管理进行分析是价值共创的关键。首先，提出了一种电动汽车充电仿真模型和光伏、储能运行模型，基于节点运行模型，以度电成本最小化作为分析目标，构建了相应的分析模型；其次，结合粒子群优化模型和多智能体系统，提出了 MAPSO 算法，通过算法求解后得到了各节点协同运行下的最优配置以及最优运行策略；然后，以某能源公司投资的光伏-储能-充电站为例，分析了所有节点参与运行、不考虑光伏节点、不考虑电网节点三种情景下的分析结果，结果表明当所有节点协同运行时，系统具有最优的价值共创能力；最后，将 MAPSO 算法与 PSO 算法进行对比，验证了 MAPSO 算法的有效性和计算精度。通过研究，可以得到以下结论：①价值共创能力分析模型能够优化资源配置，提升节点间的协同运行效率，增强价值链价值共创能力；②光伏、储能、充电站、电网节点共同参与价值共创过程时，价值链的价值共创能力最优。

（5）设计了光伏-储能-充电站价值链能力分析云平台架构。能力分析云平台的构建能够加深价值链上各利益主体之间信息流、能量流和价值流的流动，实现信息交互、耦合和协同，从而提升光伏-储能-充电站价值链的价值创造能力。首先，引入了数据中台的概念，通过构建统一数据采集模块、统一的数据中心和统一的数据分析模块，打破传统的烟囱式的数据管理方式，实现了光伏、储能、充电站之间的数据交互；其次，从价值链的价值实现、价值增值和价值共创能力分析三个方面分别阐述了能力分析云平台架构设计的需求分析，基于需求分析，进行了业务流程设计；然后，在充分分析云平台设计原则的基础上，利用云计算理念，提出了云平台结构设计、模块设计和功能设计的框架；最后，从云平台的云服务模式架构和运行机制优化策略两方面详细阐述了云平台云服务模式。得出通过构建光伏-储能-充电站价值链能力分析云平台可以将前面几个章节的理论分析转化为实际，提升整个价值链的信息化水平和信息处理速度的结论。

尽管本书在光伏-储能-充电站价值链价值实现、价值增值和价值共创能力分析方面取得了一些成果，但本研究仍存在一些不足之处，有待进一步深入研究探索。

（1）随着信息技术的快速发展，人工智能、大数据技术、云计算技术、物联网技术以及移动互联网技术已经在多个领域得到了广泛应用，本书虽然在算法上使用了相关人工智能技术，在能力分析云平台构建上使用了大数据和云计算的理念，但是对于这些高新信息技术的使用以及理解程度还存在局限性。未来，将考虑使用更加深入的高新信息技术对光伏-储能-充电站价值链的能力分析展开研究。

（2）在价值实现能力分析模型中，涉及定性语言评价转换为定量表达的问题，本书中对于该转换过程的研究程度仍然不够深入，且对于模糊数的研究也不够彻底。未来将会对这两方面的问题展开更深入的分析；在价值共创能力模型中，本书以 COE 为分析目标，在未来研究中将会考虑更多的因素，开展多目标分析研究。

（3）价值链与产业链的协同研究不够深入。本书多次提出光伏-储能-充电站价值链上存在多个利益主体，如光伏系统、储能系统、充电站以及电网，但从产业链的角度来看，这几个利益主体有分别存在不同的产业链条，链条上有分别存在不同的生产商、供应商和使用商，本书将价值链理论与产业链理论进行联合分析的程度仍需加强，未来，将考虑将不同利益主体的产业链也同步加入到价值链上，开展与现实情况更为贴近的实例研究。

参考文献

［1］ 解吉蔷，杨秀，王巨波. 基于 MPPT 运行模式的光伏发电系统低电压穿越无功控制策略［J］. 太阳能学报，2019，40（12）：3426 - 3434.

［2］ R O. Bawazir，N S Etin. Comprehensive overview of optimizing PV - DG allocation in power system and solar energy resource potential assessments［J］. Energy Reports，Elsevier，2020，6：173 -208.

［3］ 王守凯，刘达. 风电消纳途径综述［J］. 陕西电力，2016，44（7）：15 - 19，24.

［4］ 宋艺航，谭忠富，李欢欢，等. 促进风电消纳的发电侧、储能及需求侧联合优化模型［J］. 电网技术，2014，38（3）：610 - 615.

［5］ Liu H，Peng J，Zang Q，et al. Control Strategy of Energy Storage for Smoothing Photovoltaic Power Fluctuations［J］. IFAC - PapersOnLine，Elsevier，2015，48（28）：162 - 165.

［6］ 邵成成，冯陈佳，王雅楠，等. 含大规模清洁能源电力系统多时间尺度生产模拟［J］. 中国电机工程学报，2020，40（19）：6103 - 6113.

［7］ 吴滇宁，卢佳，李刚，等. 清洁能源占比高的电力市场环境下火电辅助服务补偿方法［J］. 南方电网技术，2018，12（12）：78 - 85.

［8］ 2019 年 11 月汽车工业经济运行情况［EB/OL］.（2019 - 12 - 15）. http://www. gov. cn/xinwen/2019 - 12/15/content_5461255. htm.

［9］ 邢强，陈中，黄学良，等. 基于数据驱动方式的电动汽车充电需求预测模型［J］. 中国电机工程学报，2020，40（12）：3796 - 3813.

［10］ 国家能源局 2020 年三季度网上新闻发布会文字实录［EB/OL］.（2020 - 07 - 17）. nea. gov. cn/2020 - 07/17/c _ 139219434. htm.

［11］ 艾欣，董春发. 储能技术在新能源电力系统中的研究综述［J］. 现代电力，2015，32（5）：1 - 9.

［12］ 吕春锋. 全球价值链视角下中国新能源产业发展的影响因素研究［D］. 武汉：武汉理工大学，2016.

［13］ Wang L，Yue Y，Xie R，et al. How global value chain participation affects China's energy intensity［J］. Journal of Environmental Management，2020，260（4）：110041.

［14］ 迈克尔·波特. 竞争优势［M］. 陈小悦，译. 北京：华夏出版社，2005.

［15］ Islam M T，Polonsky M J. Validating scales for economic upgrading in global value chains and assessing the impact of upgrading on supplier firms' performance［J］. Journal of Business Research，2020，110：144－159.

［16］ Park C，Heo W. Review of the changing electricity industry value chain in the ICT convergence era［J］. Journal of Cleaner Production，2020，258：1－15.

［17］ 蔡依陶，闫旭晖. 基于价值链理论探讨滴滴出行的竞争策略［J］. 管理观察，2016（17）：73－75.

［18］ 刘凯宁，樊治平，李永海，等. 基于价值链视角的企业商业模式选择方法［J］. 中国管理科学，2017，25（1）：170－180.

［19］ 李晓梅. 基于价值链分析的格力电器公司发展战略选择［J］. 经营与管理，2017（3）：19－22.

［20］ 刘广生. 基于价值链的区域产业结构升级研究［D］. 北京：北京交通大学，2011.

［21］ 张涵."一带一路"区域价值链与山东省产业结构升级［D］. 济南：山东大学，2019.

［22］ 高梦映. 基于价值链测度的河南省主导产业选择研究［D］. 郑州：河南财经政法大学，2019.

［23］ 王悦泽. 基于全球价值链视角的京津冀产业升级研究［D］. 天津：天津商业大学，2013.

［24］ 张路阳，石正方. 基于价值链理论的我国光伏产业动态演进分析［J］. 福建论坛（人文社会科学版），2013（2）：58－64.

［25］ 刘会政，宗喆. 全球价值链下中国光伏产业升级研究［J］. 生态经济，2017，33（5）：52－56，112.

［26］ 张虎，徐文娟，张娟娟. 基于全球价值链的光伏产业集群高端化研究——以常州为例［J］. 长春工业大学学报（社会科学版），2013，25（4）：26－28.

［27］ 贾昌荣. 工业品营销：赢在价值链［M］. 北京：中国电力出版社，2014.

［28］ 刘亚楠. 基于理想解法和秩和比法光伏产业价值链评价研究［J］. 管理观察，2019（15）：11-13.

［29］ 宋凌峰，刘志龙. 价值链网络、企业异质性与产业信用风险传染——基于中国光伏产业的研究［J］. 财贸研究，2019，30（6）：14-23，73.

［30］ 许琳. 我国光伏企业战略定位及运营策略分析［D］. 北京：北京理工大学，2017.

［31］ 刘广生，张妍，吴启亮. 基于循环经济的电力产业价值链优化策略［J］. 管理现代化，2011（3）：9-11.

［32］ 谭忠富，刘严，杨力俊，等. 以电价为纽带的中国电力产业价值链优化研究［J］. 中国软科学，2004（10）：30-35.

［33］ 徐方秋. 非并网风电价值链优化与评价模型及协同云平台研究［D］. 北京：华北电力大学，2019.

［34］ 刘吉成，林湘敏，颜苏莉. 光伏产业价值链增值动因及应对策略研究——基于微笑曲线和主成分分析法［J］. 会计之友，2019（10）：32-37.

［35］ 侯慧，薛梦雅，陈国炎，等. 计及电动汽车充放电的微电网多目标分级经济调度［J］. 电力系统自动化，2019，43（17）：55-67.

［36］ 能源发展"十三五"规划［EB/OL］.（2017-01-17）. http://www.nea.gov.cn/2017-01/17/c_135989417.htm.

［37］ Karmaker A K, Ahmed M R, Hossain M A, et al. Feasibility assessment & design of hybrid renewable energy based electric vehicle charging station in Bangladesh［J］. Sustainable Cities and Society, 2018, 39: 189-202.

［38］ Azhar U H, Carlo C, Essam A A. Modeling of a Photovoltaic-Powered Electric Vehicle Charging Station with Vehicle-to-Grid Implementation［J］. Energies, 2017, 10（1）: 4.

［39］ Mouli G. R. Chandra, Bauer P, Zeman M. System design for a solar powered electric vehicle charging station for workplaces［J］. Applied Energy, 2016, 168: 434-443.

［40］ 杨健维，李爱，廖凯. 城际高速路网中光储充电站的定容规划［J］. 电网技术，2020，44（3）：934-943.

［41］ Esfandyari A, Norton B, Conlon M, et al. Performance of a campus photovoltaic electric vehicle charging station in a temperate climate［J］. Solar Energy, 2019, 177: 762-771.

［42］ Garcia‐ Trivino P，Torreglosa J P，LM Fernandez‐ Ramirez，et al. Control and operation of power sources in a medium‐ voltage direct‐current microgrid for an electric vehicle fast charging station with a photovoltaic and a battery energy storage system ［J］. Energy，2016，115：38‐48.

［43］ Dominguez‐ Navarro J A，Dufo‐ Lopez R，Yusta‐ Loyo J M，et al. Design of an electric vehicle fast‐charging station with integration of renewable energy and storage systems ［J］. International Journal of Electrical Power and Energy Systems，2019，105：46‐58.

［44］ 陈中，陈妍希，车松阳. 新能源汽车一体充能站框架及能量优化调度方法 ［J］. 电力系统自动化，2019，43 （24）：41‐51.

［45］ Wu Y，Xu C，Ke Y，et al. Portfolio optimization of renewable energy projects under type‐2 fuzzy environment with sustainability perspective ［J］. Computers & Industrial Engineering，2019，133：69‐82.

［46］ Faia R，Pinto T，Vale Z，et al. Strategic Particle Swarm Inertia Selection for Electricity Markets Participation Portfolio Optimization ［J］. Applied Artificial Intelligence，2018，32 （7‐8）：745‐767.

［47］ Zeng Z，Nasri E，Chini A，et al. A multiple objective decision making model for energy generation portfolio under fuzzy uncertainty：Case study of large scale investor‐ owned utilities in Florida ［J］. Renewable Energy，2015，75：224‐242.

［48］ Hashemizadeh A，Ju Y. Project portfolio selection for construction contractors by MCDM‐ GIS approach ［J］. International Journal of Environmental Science and Technology，2019，16 （12）：8283‐8296.

［49］ Tavana M，Keramatpour M，Santos‐ Arteaga F J，et al. A fuzzy hybrid project portfolio selection method using Data Envelopment Analysis，TOPSIS and Integer Programming ［J］. Expert Systems with Applications，2015，42 （22）：8432‐8444.

［50］ Huang C C，Chu P Y，Chiang Y H. A fuzzy AHP application in government‐ sponsored R&D project selection ［J］. Omega，2008，36 （6）：1038‐1052.

［51］ Khalili‐ Damghani K，Sadi‐ Nezhad S，Lotfi F H，et al. A hybrid fuzzy rule‐ based multi‐ criteria framework for sustainable project portfolio selection ［J］. Information Sciences，2013，220：

442 - 462.

[52] 文嫣, 张生丛. 价值链各环节市场结构对利润分布的影响——以晶体硅太阳能电池产业价值链为例 [J]. 中国工业经济, 2009 (05): 150 - 160.

[53] Fang Z, Gallagher K S. Innovation and technology transfer through global value chains: Evidence from China's PV industry [J]. Energy Policy, Elsevier, 2016, 94: 191 - 203.

[54] 周方开. 全球价值链视角下国内光伏企业发展战略研究 [D]. 杭州: 浙江工业大学, 2016.

[55] 张翼霏, 安增龙. 基于价值链的光伏产业成本控制研究 [J]. 商业经济, 2017 (01): 27 - 29, 125.

[56] Wu Y N, Li X Y, Gao M, Analysis of wind power industry and construction of new industrial chain model [J]. Advanced Materials Research, 2013, 722: 121 - 125.

[57] 赵振宇, 甘景双, 姚雪. 风电产业链发展影响因素及解释结构分析 [J]. 可再生能源, 2014, 32 (06): 814 - 821.

[58] 刘吉成, 何丹丹, 龙腾. 基于系统动力学的风电产业价值链增值效应研究 [J]. 科技管理研究, 2017, 37 (10): 243 - 248.

[59] 陈丽丹, 张尧, FIGUEIREDO A. 电动汽车充放电负荷预测研究综述 [J]. 电力系统自动化, 2019, 43 (10): 177 - 197.

[60] Vermaak H J, Kusakana K. Design of a photovoltaic - wind charging station for small electric Tuk - tuk in D. R. Congo [J]. Renewable Energy, Pergamon, 2014, 67: 40 - 45.

[61] Hafez O, Bhattacharya K. Optimal design of electric vehicle charging stations considering various energy resources [J]. Renewable Energy, Pergamon, 2017, 107: 576 - 589.

[62] Fathabadi, Hassan. Novel wind powered electric vehicle charging station with vehicle - to - grid (V2G) connection capability [J]. Energy Conversion and Management, Pergamon, 2017, 136: 229 - 239.

[63] Yi T, Zhang C, Lin T, et al. Research on the spatial - temporal distribution of electric vehicle charging load demand: A case study in China [J]. Journal of Cleaner Production, 2020, 242 (Jan. 1): 118457. 1 - 118457. 15.

[64] 管志成, 丁晓群, 张木银, 等. 考虑时序特性含电动汽车配电网分

布式电源优化配置 [J]. 电力系统保护与控制，2017，45（18）：
24-31.

[65] Iversen E B，Morales J M，Madsen H. Optimal charging of an electric vehicle using a Markov decision process [J]. Applied Energy，Elsevier，2014，123：1-12.

[66] Taylor J，Maitra A，Alexander M，et al. Evaluation of the impact of plug-in electric vehicle loading on distribution system operations [C] // 2009 IEEE Power & Energy Society General Meeting. IEEE，2009.

[67] Baharin N，Abdullah T. Challenges of PHEV Penetration to the Residential Network in Malaysia [J]. Procedia Technology，Elsevier，2013，11：359-365.

[68] 陈丽丹，张尧. 电动汽车充电负荷预测系统研究 [J]. 电力科学与技术学报，2014，29（1）：29-36.

[69] Chang M，Bae S，Yoon G G，et al. Impact of electric vehicle charging demand on a Jeju Island radial distribution network [C] // 2019 IEEE Power & Energy Society Innovative Smart Grid Technologies Conference (ISGT)，2019.

[70] Bae S，Kwasinski A. Spatial and temporal model of electric vehicle charging demand [J]. IEEE Transactions on Smart Grid，2012，3（1）：394-403.

[71] 张维戈，陈连福，黄彧，等. M/G/k 排队模型在电动出租汽车充电站排队系统中的应用 [J]. 电网技术，2015，39（3）：724-729.

[72] Lee T K. Stochastic modeling for studies of real-world PHEV usage：driving schedule and daily temporal distributions [J]. IEEE Transactions on Vehicular Technology，2012，61（4）：1493-1502.

[73] 郑牡丹. 基于云计算的充电站充电负荷预测体系结构研究 [D]. 北京：华北电力大学，2015.

[74] Li M，Lenzen M，Keck F，et al. GIS-based probabilistic modeling of BEV charging load for Australia [J]. IEEE Transactions on Smart Grid，2019，10（4）：3525-3534.

[75] Chaudhari K，Ukil A，Kandasamy N K，et al. Hybrid Optimization for Economic Deployment of ESS in PV-Integrated EV Charging Stations [J]. Ieee Transactions on Industrial Informatics，2018，14（1）：106-116.

[76] Bhatti A R，Salam Z，Sultana B，et al. Optimized sizing of photo-

voltaic grid – connected electric vehicle charging system using particle swarm optimization [J]. International Journal of Energy Research, 2019, 43 (1): 500 – 522.

[77] Dominguez – Navarro J A, Dufo – Lopez R, Yusta – Loyo J M, et al. Design of an electric vehicle fast – charging station with integration of renewable energy and storage systems [J]. International Journal of Electrical Power & Energy Systems, 2019, 105: 46 – 58.

[78] Baik S H, Jin Y G, Yoon Y T. Determining Equipment Capacity of E-lectric Vehicle Charging Station Operator for Profit Maximization [J]. Energies, 2018, 11 (9): 2301.

[79] Badea G, Felseghi R – A, Varlam M, et al. Design and Simulation of Romanian Solar Energy Charging Station for Electric Vehicles [J]. Energies, 2019, 12 (1): 74.

[80] Torreglosa J P, Garcia – Trivino P, Fernandez – Ramirez L M, et al. Decentralized energy management strategy based on predictive controllers for a medium voltage direct current photovoltaic electric vehicle charging station [J]. Energy Conversion and Management, 2016, 108: 1 – 13.

[81] Yao L, Damiran Z, Lim W H. Optimal Charging and Discharging Scheduling for Electric Vehicles in a Parking Station with Photovoltaic System and Energy Storage System [J]. Energies, 2017, 10 (4): 550.

[82] Hafez O, Bhattacharya K. Optimal design of electric vehicle charging stations considering various energy resources [J]. Renewable Energy, 2017, 107: 576 – 589.

[83] Azaza M, F Wallin. Multi objective particle swarm optimization of hybrid micro – grid system: A case study in Sweden [J]. Energy, 2017, 123: 108 – 118.

[84] Kerdphol, Thongchart, Fuji, et al. Optimization of a battery energy storage system using particle swarm optimization for stand – alone microgrids [J]. International Journal of Electrical Power & Energy Systems, 2016, 81: 32 – 39.

[85] Liu J, He D, Wei Q, et al. Energy Storage Coordination in Energy Internet Based on Multi – Agent Particle Swarm Optimization [J]. Applied Sciences, 2018, 8 (9): 1520.

［86］ Kumar R, Sharma D, Sadu A. A hybrid multi‐agent based particle swarm optimization algorithm for economic power dispatch [J]. International Journal of Electrical Power & Energy Systems, 2011, 33 (1): 115 - 123.

［87］ Zhao B, Guo C X, Cao Y J. A Multiagent‐Based Particle Swarm Optimization Approach for Optimal Reactive Power Dispatch [J]. IEEE Transactions on Power Systems, 20 (2): 1070 - 1078.

［88］ Karmaker A K, Ahmed M R, Hossain M A, et al. Feasibility assessment & design of hybrid renewable energy based electric vehicle charging station in Bangladesh [J]. Sustainable Cities and Society, 2018, 39: 189 - 202.

［89］ Hafez O, Bhattacharya K. Optimal design of electric vehicle charging stations considering various energy resources [J]. Renewable Energy, 2017, 107: 576 - 589.

［90］ Esfandyari A, Norton B, Conlon M, et al. Performance of a campus photovoltaic electric vehicle charging station in a temperate climate [J]. Solar Energy, 2019, 177: 762 - 771.

［91］ Badea G, Felseghi R‐A, Varlam M, et al. Design and Simulation of Romanian Solar Energy Charging Station for Electric Vehicles [J]. Energies, 2019, 12 (1): 74.

［92］ Mouli G, Bauer P, Zeman M. System design for a solar powered electric vehicle charging station for workplaces [J]. Applied Energy, 2016, 168: 434 - 443.

［93］ Chaudhari K, Ukil A, Kumar K N, et al. Hybrid Optimization for Economic Deployment of ESS in PV‐Integrated EV Charging Stations [J]. Ieee Transactions on Industrial Informatics, 2018, 14 (1): 106 - 116.

［94］ Baik S H, Jin Y G, Yoon Y T. Determining Equipment Capacity of Electric Vehicle Charging Station Operator for Profit Maximization [J]. Energies, 2018, 11 (9): 2301.

［95］ Yao L, Damiran Z, Lim W H. Optimal Charging and Discharging Scheduling for Electric Vehicles in a Parking Station with Photovoltaic System and Energy Storage System [J]. Energies, 2017, 10 (4): 550.

［96］ Bhatti A R, Salam Z, Sultana B, et al. Optimized sizing of photovoltaic grid – connected electric vehicle charging system using particle swarm optimization [J]. International Journal of Energy Research，2019，43（1）：500 – 522.

［97］ Dominguez – Navarro J A，Dufo – Lopez R，Yusta – Loyo J M，et al. Design of an electric vehicle fast – charging station with integration of renewable energy and storage systems [J]. International Journal of Electrical Power & Energy Systems，2019，105：46 – 58.

［98］ 张晶. 产业链视角下电动汽车充电基础设施商业模式对比研究 [D]. 北京：北京交通大学，2019.

［99］ 陈旻，王会先. 储能充电站运维一体化运营模式 [J]. 中国电力企业管理，2018（13）：68 – 71.

［100］ 蔡雨伦. 面向电动汽车的光伏充电站智能调度策略研究 [D]. 北京：北京邮电大学，2019.

［101］ Hafez O，Bhattacharya K. Optimal design of electric vehicle charging stations considering various energy resources [J]. Renewable Energy，2017，107：576 – 589.

［102］ 杨佳能，吴晓. 电动汽车充电站中谐波及无功电流动态补偿研究 [J]. 机电信息，2019（36）：32 – 34.

［103］ Napoli G，Polimeni A，Micari S，et al. Optimal allocation of electric vehicle charging stations in a highway network：Part 1. Methodology and test application [J]. Journal of Energy Storage，2020（27）：1 – 9.

［104］ 龚钢军，安晓楠，陈志敏，等. 基于 SAE – ELM 的电动汽车充电站负荷预测模型 [J]. 现代电力，2019，36（6）：9 – 15.

［105］ 张怡，唐蕾. 电动汽车充电站储能优化配置研究综述 [J]. 电工电气，2020（1）：1 – 7.

［106］ 李韧平. 电动汽车充电基础设施建设的政府治理 [J]. 管理观察，2018（34）：23 – 24.

［107］ 曾坤. 电动汽车充电站运行管理平台设计 [D]. 四川：西南交通大学，2017.

［108］ 卫婧菲，刘其辉. 居民小区电动汽车光伏充电站三分段能量管理策略 [J]. 电力自动化设备，2017，37（8）：249 – 255.

［109］ 邢毓华，罗林洁. 分布式光伏充电站 Web 实时监控平台设计 [J]. 计算机测量与控制，2017，25（3）：73 – 76.

［110］ 种马刚. 储能式电动汽车充电桩的充放电控制系统研究 [D]. 西

安：陕西科技大学，2016.

[111] 黄海宾. 电动汽车充电设施与电池储能电站结合的应用模式 [J]. 节能与环保，2017，12：70 - 73.

[112] 曹凌捷. 光储充一体化电站建设关键技术研究 [J]. 电力与能源，2017，38 (6)：746 - 749，755.

[113] 成健. 电动汽车光伏充电站光储容量优化配置及保护研究 [D]. 南京：南京师范大学，2018.

[114] 解磊，王建基，耿敏，等. 光储充一体化电站建设关键技术研究 [J]. 通信电源技术，2018，35 (12)：26 - 27.

[115] Das R，Wang Y，Putrus G，et al. Multi - objective techno - economic - environmental optimisation of electric vehicle for energy services [J]. Applied Energy，2020，257.

[116] 张昀普，段修生，单甘霖，等. 基于直觉梯形模糊信息的目标优先级排序方法 [J/OL]. 火力与指挥控制，2020 (4)：59 - 64，70

[117] Liu H C，Yang M，Zhou M C，et al. An Integrated Multi - Criteria Decision Making Approach to Location Planning of Electric Vehicle Charging Stations [J]. IEEE Transactions on Intelligent Transportation Systems 2019，20，362 - 373.

[118] Xu J，Zhong L，Yao L，et al. An interval type - 2 fuzzy analysis towards electric vehicle charging station allocation from a sustainable perspective [J]. Sustainable Cities and Society 2018，40：335 - 351.

[119] Cui，F B，You X Y，Shi H，et al. Optimal Siting of Electric Vehicle Charging Stations Using Pythagorean Fuzzy VIKOR Approach [J]. Mathematical Problems in Engineering，2018 (2)：1 - 12.

[120] Lee J，Madanat S. Optimal design of electric vehicle public charging system in an urban network for Greenhouse Gas Emission and cost minimization [J]. Transportation Research Part C：Emerging Technologies 2017，85：494 - 508.

[121] Tw A，Hl A，Lza D，et al. A three - way decision model based on cumulative prospect theory [J]. Information Sciences，2020，519：74 - 92.

[122] 刘庆国，刘新学，洪大银. 基于累积前景理论的 TOPSIS 多属性决策方法 [J]. 舰船电子工程，2020，40 (3)：32 - 35.

［123］ 张静，石鑫. 基于改进 MOPSO－BP 算法的短期电力负荷预测研究［J］. 电力学报，2019，34（6）：556－563.

［124］ Xue－Wu W，Yong M，Xing－sheng G. Multi－objective path optimization for arc welding robot based on discrete DN multi－objective particle swarm optimization［J］. SAGE Publications，2019，16（6）：1－10.

［125］ Gupta P，Mehlawat M K，Grover N. Intuitionistic fuzzy multi－attribute group decision－making with an application to plant location selection based on a new extended VIKOR method［J］. Information Sciences，2016：370－371.

［126］ 刘宝林，李小双，曾小松，等. 基于系统动力学和演化博弈的光伏项目 EMC 模式投资意愿分析［J/OL］. 电力系统及其自动化学报，2020：1－7.

［127］ 杨少兵，吴命利，姜久春，等. 电动汽车充电站负荷建模方法［J］. 电网技术，2013，37（5）：6.